I0131575

Ludovic Andres

Le Géoïde Côtier

Ludovic Andres

Le Géoïde Côtier

Problématiques et détermination pratique par des techniques de positionnement spatial, nivellement direct et télémétrie

Presses Académiques Francophones

Impressum / Mentions légales

Bibliografische Information der Deutschen Nationalbibliothek: Die Deutsche Nationalbibliothek verzeichnet diese Publikation in der Deutschen Nationalbibliografie; detaillierte bibliografische Daten sind im Internet über http://dnb.d-nb.de abrufbar.
Alle in diesem Buch genannten Marken und Produktnamen unterliegen warenzeichen-, marken- oder patentrechtlichem Schutz bzw. sind Warenzeichen oder eingetragene Warenzeichen der jeweiligen Inhaber. Die Wiedergabe von Marken, Produktnamen, Gebrauchsnamen, Handelsnamen, Warenbezeichnungen u.s.w. in diesem Werk berechtigt auch ohne besondere Kennzeichnung nicht zu der Annahme, dass solche Namen im Sinne der Warenzeichen- und Markenschutzgesetzgebung als frei zu betrachten wären und daher von jedermann benutzt werden dürften.

Information bibliographique publiée par la Deutsche Nationalbibliothek: La Deutsche Nationalbibliothek inscrit cette publication à la Deutsche Nationalbibliografie; des données bibliographiques détaillées sont disponibles sur internet à l'adresse http://dnb.d-nb.de.
Toutes marques et noms de produits mentionnés dans ce livre demeurent sous la protection des marques, des marques déposées et des brevets, et sont des marques ou des marques déposées de leurs détenteurs respectifs. L'utilisation des marques, noms de produits, noms communs, noms commerciaux, descriptions de produits, etc, même sans qu'ils soient mentionnés de façon particulière dans ce livre ne signifie en aucune façon que ces noms peuvent être utilisés sans restriction à l'égard de la législation pour la protection des marques et des marques déposées et pourraient donc être utilisés par quiconque.

Coverbild / Photo de couverture: www.ingimage.com

Verlag / Editeur:
Presses Académiques Francophones
ist ein Imprint der / est une marque déposée de
OmniScriptum GmbH & Co. KG
Heinrich-Böcking-Str. 6-8, 66121 Saarbrücken, Deutschland / Allemagne
Email: info@presses-academiques.com

Herstellung: siehe letzte Seite /
Impression: voir la dernière page
ISBN: 978-3-8416-2623-3

Copyright / Droit d'auteur © 2014 OmniScriptum GmbH & Co. KG
Alle Rechte vorbehalten. / Tous droits réservés. Saarbrücken 2014

Je dédie cet ouvrage à S. Ichtiaque Rasool

Je remercie Alain Harmel, Michel Kasser, et Pierre Exertier pour leurs conseils, ainsi que toutes les personnes qui ont participé à mes travaux.

Je remercie la Ville de Nice, la Métropole Nice Côte d'Azur, le Service Hydrographique et Océanographique de la Marine (SHOM), le Système d'Observation du Niveau des Eaux Littorales (SONEL), l'Observatoire Océanologique de Villefranche sur Mer, l'Institut National de l'Information Géographique et Forestière (IGN), l'Observatoire de la Côte d'Azur (OCA) pour les données mises à disposition, ainsi que Polytech Nice et le Laboratoire Innovative CiTy de l'Université de Nice Sophia Antipolis

TABLE DES MATIERES

INTRODUCTION

La détermination du géoïde terrestre a depuis de nombreuses années constitué un des enjeux majeurs des sciences de la terre. Son interaction étroite avec de nombreux phénomènes régissant le fonctionnement du «système Terre» (Rasool, 1994) s'est révélée de première importance dans la compréhension de ce dernier. Depuis le début du 20ème siècle d'importants progrès technologiques ont permis une meilleure détermination du géoïde, aussi bien à l'échelle globale qu'à l'échelle locale. Ces progrès ont trait à la mesure de la gravité par des méthodes terrestres, aéroportées, ou spatiales. Les techniques spatiales, et notamment l'altimétrie par satellite ont depuis quelques décennies représenté une source d'information particulièrement importante dans la connaissance du géoïde marin et par voie de conséquence dans la détermination du géoïde global.

De ce fait, on peut considérer que le géoïde global, et particulièrement marin, est parfaitement bien estimé aujourd'hui à des longueurs d'onde allant jusqu'à quelques kilomètres. Localement par contre, les techniques spatiales, qui ont l'avantage de pouvoir recouvrir la totalité de la Terre, restent encore limitées par la relative faible résolution qu'elles procurent (Sandwell et al, 2001).
A ces échelles, il est nécessaire de recourir à des mesures gravimétriques, terrestres, marines ou aériennes, altimétriques aériennes, ou plus récemment, d'utiliser des systèmes de positionnement par satellite, associés ou non à de la détermination de réseau altimétrique. Néanmoins, en contrepartie de la plus haute résolution offerte par ces dernières techniques de mesure, leur caractère complexe et fastidieux de mise en œuvre, en limite l'étendue à des zones locales. Aussi, la connaissance précise du géoïde terrestre à des longueurs d'ondes inférieures à quelques kilomètres demeure

actuellement particulièrement incomplète en terme de couverture géographique et reste confinée à quelques petits secteurs d'étude disséminés à la surface de la Terre. C'est pourtant la connaissance plus détaillée du géoïde qui permettra d'affiner la compréhension de nombreux phénomènes naturels et d'améliorer la connaissance de la structure géologique de la terre comme les cavités, les bassins sédimentaires, les plateaux continentaux, ou la position des limites géologiques entre océans et continents.

La présentation et l'analyse des caractéristiques et problématiques d'accès au géoïde côtier sur ses composantes marines et terrestres par la mesure de la topographie dynamique océanique et de l'anomalie d'altitude représentent une part importante de cet ouvrage. L'autre part étant consacrée à un exemple pratique de détermination d'un géoïde local côtier en utilisant des techniques de positionnement de précision par satellite, de nivellement direct et de télémétrie par ultrason.

Une des techniques utilisées couramment pour l'observation locale de la topographie dynamique océanique est la mesure de la hauteur de l'eau par système de positionnement GNSS (Global Naviation Satellite Système). Ce même système de positionnement par satellite associé à des déterminations d'altitudes, peut aussi permettre d'accéder au géoïde dans sa partie terrestre. Différentes études ont déjà eu lieu exploitant des systèmes GNSS, aussi bien en temps réel qu'en post-traitement, pour des mesures du niveau de l'eau en mer ou pour des modélisations de géoïdes terrestres de très grande précision.

Cependant, il est peu commun de travailler sur les deux domaines simultanément afin de réaliser en utilisant un système GNSS une modélisation locale de très grande précision du géoïde s'étendant sur ses parties terrestres et marines dans le cadre d'une même étude et sur un même secteur bien défini. C'est à ce titre que les travaux présentés ici constituent une grande originalité.

Le développement et la mise en œuvre d'une nouvelle technique de mesure en mer, associant télémétrie par ultrason et observations GNSS a été élaborée à cet effet afin de pouvoir couvrir beaucoup plus rapidement une grande étendue géographique tout en améliorant la précision des données acquises. Ces outils, qui se sont avérés parfaitement adaptés au but poursuivi, et dont on ne peut que recommander l'emploi pour d'autres études du même type, représentent un facteur novateur dans la tentative d'accéder de manière aisée à la topographie océanique en zone littorale.

De telles acquisitions peuvent ainsi contribuer à la mise en évidence à partir de la topographie dynamique, de phénomènes côtiers comme certains courants ou fronts océaniques. Ils peuvent permettre s'ils sont réitérés régulièrement d'obtenir une meilleure connaissance de la variabilité de la dynamique des océans, ou de l'augmentation séculaire du niveau de l'eau. Ils peuvent également mettre en évidence et mesurer certaines caractéristiques liées à des plans d'eau particuliers, des baies ou des rades. La modélisation précise du géoïde, à cheval sur la partie marine et terrestre, en plus des intérêts évoqués précédemment, peut s'avérer à double titre fort utile pour l'altimétrie par satellite : d'une part en ce qui concerne la calibration même des altimètres et de leurs algorithmes de traitement, et d'autre part, dans l'amélioration des performances de ces instruments en zone côtière.

Chapitre I

LE GEOÏDE

En l'état actuel des connaissances, l'univers est régit par quatre forces.

- La plus forte d'entre elles est la force nucléaire forte, qui assure la cohésion des noyaux atomiques en liant les neutrons et les protons ainsi que leurs constituants, les quarks.
- La force nucléaire faible, environ 10000 fois moins intense que la précédente, agit sur les leptons (électron, muon, tau, neutrino). Elle est responsable, par exemple, de la fusion thermonucléaire intervenant dans le soleil, ou de la radioactivité β^- et β^+.
Ces deux types de forces ont un rayon d'action très limité, de 10^{-15} m pour la première à 10^{-18} m pour la seconde.
- A l'inverse, la force électromagnétique, responsable des interactions entre les particules chargées électriquement, a une portée infinie. Elle agit à l'échelle microscopique mais produit des effets macroscopiques tels les frottements ou les étirements, la lumière, les réactions chimiques et biologiques, etc... Son intensité est environ 140 fois plus faible que celle de la force nucléaire forte.
- Enfin, l'interaction qui nous intéresse au premier titre dans le cadre de notre sujet, est aussi celle qui a été découverte en premier. Galilée, Copernic, et Kepler l'avaient entrevue, et c'est Newton qui l'a dénommée : il s'agit de la force gravitationnelle. Bien qu'elle soit la moins intense des quatre types d'interactions (environ 10^{38} fois plus faible que la force nucléaire forte) elle s'applique à toutes les particules de matière (disposant donc d'une masse) sans aucune limite quant à son rayon d'action. Son action s'étend sur l'univers tout entier, sur la centaine de milliards de galaxies qui le composent. Elle maintient par exemple le Soleil à l'intérieur de la Galaxie, la Terre en orbite autour du Soleil, règle les marées, et gouverne l'expansion de l'Univers dans son ensemble.

Ainsi, ce corps qu'est la Terre et tous les éléments qui s'y trouvent, subissent les forces gravitationnelles induites principalement par leurs propres masses, mais également par celles des autres corps célestes qui l'entourent, et par la force centrifuge provenant de sa rotation.

I. RETOURS SUR QUELQUES PRINCIPES DE GEODESIE PHYSIQUE

Avant d'aborder la présentation des concepts sur les géoïdes, il est nécessaire de rappeler rapidement certains éléments de géodésie physique qui seront utilisés par la suite.

I.1 – Force, Accélération et Potentiel

I.1.1 – Force de Gravitation

Conformément à la loi de Newton sur la gravitation universelle (Newton, 1687), on peut écrire en tout point P de masse m_P situé à la surface ou à l'extérieur de la Terre, la force de gravitation subie $\vec{F}_b$, due à la Terre, comme étant la somme des forces élémentaires $\vec{F}_{be}$ générées par chaque élément P' de la Terre, de masse dm, de densité ρ et de volume dv :

$$\vec{F}_b \;=\; \iiint_{Terre} -G\frac{m_P\,dm}{l^2}\vec{u} \;=\; -G\,m_P \iiint_{Terre} \frac{\rho\,dv}{l^2}\vec{u}$$

Où $\vec{u}$ est un vecteur unitaire dirigé de P' vers P tel qu'illustré par la figure F.1 ci-dessous.

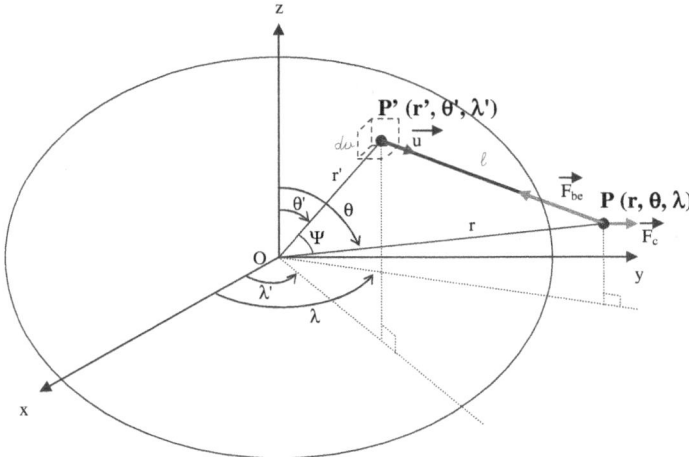

Figure F.1 : Représentation de la force de gravitation élémentaire $\vec{F}_{be}$, de la force centrifuge $\vec{F}_c$, ainsi que des coordonnées utilisées dans ce chapitre

11

I.1.2 – Potentiel de gravitation

La force de gravitation, peut être représentée (Kellog, 1929) comme dérivant d'un potentiel V. En considérant qu'elle s'exerce en P sur une masse unitaire, par un élément de masse dm de la Terre, on a la relation élémentaire :

$$\overrightarrow{grad\ V} \;=\; -G\frac{dm}{l^2}\,\vec{u} \;=\; -G\frac{\rho\,dv}{l^2}\,\vec{u}$$

et V prend la valeur suivante :

$$V \;=\; G\frac{dm}{l} \;=\; G\frac{\rho\,dv}{l}$$

Selon le principe de superposition, on obtient donc au niveau global de la Terre le potentiel gravitationnel V suivant :

$$V \;=\; \iiint\limits_{Terre} G\frac{dm}{l} \;=\; G\iiint\limits_{Terre}\frac{\rho\,dv}{l}$$

I.1.3 – Force Centrifuge

La rotation de la Terre sur son axe induit en P une force centrifuge $\vec{F}_c$ qui s'exprime, pour sa part de la manière suivante :

$$\vec{F}_c \;=\; m_P\,\omega^2\,p\,\vec{u}_C$$

Où ω est la vitesse angulaire de rotation de la Terre sur elle-même, p est la distance orthogonale entre le point P considéré et l'axe de rotation de la Terre, et $\vec{u}_C$ un vecteur unitaire perpendiculaire à l'axe de rotation et dirigé vers l'extérieur.

I.1.4 – Potentiel Centrifuge

De même que précédemment, on introduit la notion de potentiel, liée cette fois à la force centrifuge. La force centrifuge dérive alors du potentiel centrifuge ϕ :

$$\vec{F}_c \;=\; \overrightarrow{grad\ \phi}$$

Et l'on a pour une masse unitaire située en P, le potentiel centrifuge égal à :

$$\phi \;=\; \frac{1}{2}\,\omega^2\,p^2$$

12

I.1.5 – Force et Accélération de Pesanteur

On dénomme force de pesanteur (en anglais « force of gravity ») $\vec{F}_P$, la résultante de la force gravitationnelle due à la Terre $\vec{F}_b$ et de la force centrifuge $\vec{F}_c$.

$$\vec{F}_P = \vec{F}_b + \vec{F}_c$$

Par voie de conséquence, on a l'accélération de pesanteur terrestre suivante :

$$\vec{g} = \omega^2 p \, \vec{u}_C - G \iiint_{Terre} \frac{\rho \, dv}{l^2} \vec{u}$$

qui s'exprime en m/s² et peut être mesurée avec une précision de 10^{-7} à 10^{-8} m/s².

Sa norme, d'environ 9,78 m/s² à l'équateur et 9,83 m/s² aux pôles varie relativement peu, et il a paru judicieux d'introduire une unité plus adaptée à ses faibles variations, le « gal » (d'après Galilée), valant 1 cm/s², lui même déclinée en milligal (mgal=10^{-5} m/s²) ou microgal (μgal=10^{-8} m/s²).

I.1.6 – Potentiel de Pesanteur

Le potentiel de pesanteur, noté *W*, est donc la somme du potentiel gravitationnel et du potentiel centrifuge.
On a :

$$W = V + \phi = G \iiint \frac{\rho \, dv}{l} + \frac{1}{2} \omega^2 p^2$$

avec

$$\vec{g} = \overrightarrow{grad \, W}$$

Il est mathématiquement possible, à l'extérieur de la Terre, de représenter le potentiel *V* apparaissant dans l'équation ci-dessus comme un développement en séries harmoniques sphériques (Hobson, 1931, Heiskanen et Moritz, 1967).

Le potentiel de pesanteur à l'extérieur de la Terre peut alors s'exprimer de la façon suivante :

13

$$W = \frac{GM}{r}\left(1 + \sum_{l=1}^{\infty}\sum_{m=0}^{l}\left(\frac{a}{r}\right)^{l} P_{l,m}(\cos\theta)\left(C_{l,m}\cos m\lambda + S_{l,m}\sin m\lambda\right)\right) + \frac{1}{2}\omega^{2}r^{2}\sin^{2}\theta$$

avec :

M la masse totale de la Terre
a le demi grand axe de l'ellipsoïde terrestre

$$C_{l,m} = \frac{2}{M}\frac{(l-m)!}{(l+m)!}\iiint_{Terre}\left(\frac{r'}{a}\right)^{l}(\cos m\lambda')\,P_{l,m}(\cos\theta')\,dm$$

$$S_{l,m} = \frac{2}{M}\frac{(l-m)!}{(l+m)!}\iiint_{Terre}\left(\frac{r'}{a}\right)^{l}(\sin m\lambda')\,P_{l,m}(\cos\theta')\,dm$$

où les $P_{l,m}(t)$ sont les fonctions de Legendre de première espèce :

$$P_{l,m}(t) = (1-t^{2})^{m/2}\,\frac{d^{m}}{dt^{m}}\,P_{l}(t)$$

les $P_{l}(t)$ étant les polynômes de Legendre : $P_{l}(t) = \frac{1}{2^{l}\,l!}\frac{d^{l}}{dt^{l}}(t^{2}-1)^{l}$

Les constantes $C_{l,m}$ et $S_{l,m}$ sont des caractéristiques représentant la répartition des masses à l'intérieur de la Terre. Elles peuvent être déterminées par des observations de géodésie spatiales, souvent combinées avec des mesures gravimétriques terrestres et maritimes. En géodésie spatiale, ces constantes sont fréquemment remplacés par les coefficients $J_{l,m} = -C_{l,m}$ et $K_{l,m} = -S_{l,m}$

Il faut noter qu'une forme normalisée de ces derniers coefficients ainsi que de la fonction de Legendre est également utilisée ($\overline{J}_{l,m}$, $\overline{K}_{l,m}$ et $\overline{P}_{l,m}(t)$).

Différents modèles de potentiel gravitationnel (uniquement la composante gravitationnelle de la pesanteur) se basant sur le développement en harmoniques sphériques présenté précédemment ont été élaborés depuis les années 1970. A titre d'exemple on peut citer les modèles Standard Earth I à III du Smithsonian Astrophysical Observatory (Gaposchkin, 1974), les modèles GEM 1 à 4 de la NASA (Lerch et al, 1972), OSU91 de l'Ohio State University (Rapp et al, 1991), ou le plus récent modèle EGM96 (Lemoine et al, 1998) issu de la collaboration entre la NASA et la NIMA (National Imagery and Mapping Agency).

I.2 – Pesanteur Normale

Jusqu'ici, nous avons toujours considéré une forme quelconque pour la Terre.

Modélisons maintenant la Terre comme un ellipsoïde de révolution comportant comme paramètres physiques une masse totale M (masse de la Terre avec son atmosphère) et une vitesse angulaire de rotation ω. Cette modélisation, génère un champ de pesanteur qui résulte de son champ gravitationnel et de sa rotation. La formulation mathématique simple qui en ressort a permis de choisir ce champ de pesanteur, dit « normal », comme une référence aux études liées au champ de pesanteur réel de la Terre.

I.2.1 – Potentiel de Pesanteur Normale

En imposant, que la surface de cet ellipsoïde soit une équipotentielle de son propre champ de pesanteur, le potentiel normal (noté U) au point P situé à l'extérieur ou à la surface de l'ellipsoïde (et exprimé par rapport à ses coordonnées ellipsoïdales), est mathématiquement donné par :

$$U(u,\beta) = \frac{GM}{\varepsilon}\arctan\frac{\varepsilon}{u} + \frac{\omega^2}{2}a^2\frac{q(u)}{q_0}(\sin^2\beta - \frac{1}{3}) + \frac{1}{2}\omega^2(u^2 + \varepsilon^2)\cos^2\beta$$

avec (voir figure F.2) :

   ε la distance focale de l'ellipsoïde de référence ($\varepsilon^2=a^2-b^2$)
   β est la latitude paramétrique de P
   u le demi petit axe de l'ellipsoïde homofocal passant par P
   a et b les demi grand axe et demi petit axe de l'ellipsoïde de référence

$$q(u) = \frac{1}{2}\left(\left(1+3\frac{u^2}{\varepsilon^2}\right)\arctan\frac{\varepsilon}{u} - 3\frac{u}{\varepsilon}\right)$$

$q_0 = q(b)$

Sur la surface de « l'ellipsoïde Terrestre » u est égal à b, et si l'on impose que q soit égal à q_0, le potentiel de pesanteur normal prend la forme :

$$U_0 = \frac{GM}{\varepsilon}\arctan\frac{\varepsilon}{b} + \frac{\omega}{3}a^2$$

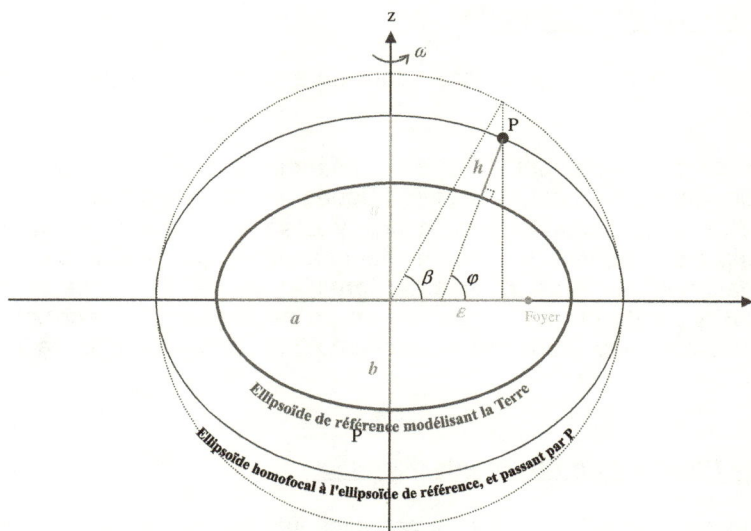

Figure F.2 : Modélisation de la Terre par un ellipsoïde de révolution de masse M et de vitesse angulaire ω. Présentation des coordonnées utilisées.

I.2.2 – Accélération de Pesanteur Normale

Sur l'ellipsoïde, l'accélération de pesanteur normale, notée γ_0, vaut alors (formule de Somigliana) :

$$\gamma_0 = \frac{a\gamma_e \cos^2 \varphi + b\gamma_p \sin^2 \varphi}{\sqrt{a^2 \cos^2 \varphi + b^2 \sin^2 \varphi}}$$

Où

γ_e est l'accélération de la pesanteur normale sur l'ellipsoïde à l'équateur

γ_p est l'accélération de la pesanteur normale sur l'ellipsoïde au pôle

A proximité de la surface ellipsoïdale, un développement en série de Taylor limité au deuxième ordre conduit à une bonne approximation de la valeur de la pesanteur normale γ :

$$\gamma = \gamma_0\left(1 - \frac{2}{a}(1 + f + m - 2f\sin^2\varphi)h + \frac{3}{a^2}h^2\right)$$

Où :

m est le rapport à l'équateur entre l'accélération centrifuge et la pesanteur normale et vaut $\dfrac{\omega^2 a^2 b}{GM}$

f est la distance focale : $f = \dfrac{a-b}{a}$

h est la hauteur au dessus de l'ellipsoïde

Application numérique :

A titre d'illustration, en utilisant les valeurs suivantes, correspondant à l'ellipsoïde de référence *Geodetic Reference System 1980* (GRS80) :

$GM = 3.986.005\ 10^8$ m/s²
$\omega = 7.292.115\ 10^{-11}$ rad/s
$a = 6.378.137$ m
$b = 6.356.752,3$ m
$f = 1/298,2572$

on obtient :

$$\gamma_0 = 9,780327\left(1 + 0,0053024\sin^2\varphi - 0,0000058\sin^2 2\varphi\right)$$

$$\gamma = \gamma_0\left(1 - 3,1570429.10^{-7}\ h + 2,1026898.10^{-9}\ h\sin^2\varphi\right)$$

À l'équateur, sur l'ellipsoïde, m prend la valeur de $3,450786\ 10^{-3}$, ce qui correspond donc à une accélération centrifuge environ 290 fois plus faible que celle de la pesanteur normale.

Dans la région Niçoise (ville située dans le Sud Est de la France), qui fera l'objet de notre expérimentation pratique de détermination d'un géoïde côtier, sur un point géodésique de référence du marégraphe de Nice dont les coordonnées géographiques sont 7°17'06,5786" E 43°41'43,6522" N et la hauteur ellipsoïdale par rapport à l'ellipsoïde GRS80 est de 50,330m, nous pouvons en appliquant les formules précédente déterminer l'accélération de pesanteur normale.

On trouve :

$\gamma_{ptgéo\_marégr\_NICE} = 9.80486434$ m/s²

17

Si le point de référence du marégraphe se trouvait à une hauteur ellipsoïdale supérieure de 100m (soit 150,330m), son accélération de pesanteur normale aurait été d'environ 30mgal inférieure.

On peut également arriver à exprimer le potentiel de pesanteur normal en repartant de la formule de potentiel de pesanteur W présentée plus haut, et issue d'un développement en harmonique sphérique. Il faut notamment pour cela, dans la composante représentant le potentiel gravitationnel, annuler tous les termes qui génèrent une dissymétrie par rapport d'une part à l'axe de rotation de la Terre et d'autre part au plan équatorial. Eu égard à la convergence rapide de la formule ainsi obtenue, on peut en limiter le développement au quatrième degré, et finalement, obtenir ainsi une très bonne approximation du potentiel de pesanteur normal.

Ci-après (Torge, 1991), une estimation du potentiel de pesanteur normal obtenue avec un développement limité au deuxième degré ($J_2 = J_{2,0} = -C_{2,0} = -C_2$) :

$$\gamma = \frac{GM}{r^2}\left(1 - 3\left(\frac{a}{r}\right)^2 J_2\left(\frac{3}{2}\cos^2\theta - \frac{1}{2}\right) + \frac{1}{GM}\omega^2 r^3 \sin^2\theta\right)$$

Nous avons maintenant deux visions concernant les représentations et les formulations mathématiques de l'accélération de pesanteur et de son potentiel : la première, que nous assimilons à celle d'une Terre réelle, et l'autre, que l'on a nommée « normale », et qui correspond à une vision sous la forme d'une modélisation simplifiée.

II. GEOÏDE ET ALTITUDE

Après ce synthétique rappel sur les éléments fondamentaux de géodésie physique, nous pouvons maintenant aborder les notions essentielles liées à l'altitude et au géoïde. Commençons tout d'abord par introduire une surface fondamentale de référence qui est le géoïde.

II.1 - Le Géoïde

Ce dernier correspond à une surface équipotentielle du champ de pesanteur terrestre, choisi sur un niveau de potentiel particulier, eu égard à l'utilité qu'il va avoir. Il s'agit donc avant tout d'un niveau constant de W potentiel de pesanteur. Dans le cas d'une Terre réelle, cette surface complexe, présentera des « ondulations » dues aux irrégularités de densité : sa courbure pourra parfois présenter des discontinuités lorsque les variations de densité seront très fortes. Une des fonctions principales de cette surface équipotentielle est de servir de référence aux mesures d'altitudes, à la détermination de la forme de la Terre, au positionnement altimétrique de points dans l'espace, mesurables et repérables de manière pratique et simple grâce à des opérations de nivellement.

Supposons que l'on effectue un nivellement direct à la surface de la Terre. La surface horizontale qui va servir de référence à la bulle du niveau utilisé, sera une tangente à l'équipotentielle du champ de pesanteur passant par l'instrument. Une opération de nivellement entre les deux points A et B situés sur un même niveau de potentiel conduirait si l'on cheminait sur la surface de cette équipotentielle à une dénivelée nulle. Or on constate bien, sur la figure F.3 (Whar, 1996), que les deux points A et B ne sont pas à la même hauteur au dessus de l'équipotentielle de référence choisie.

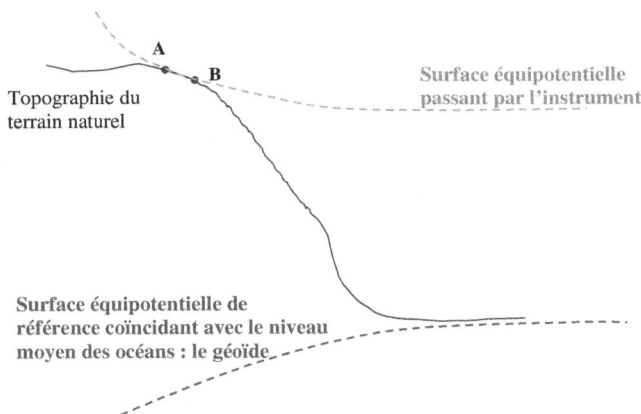

Figure F.3 : Modélisation de la Terre par un ellipsoïde de révolution de masse M et de vitesse angulaire ω. Présentation des coordonnées utilisées.

En effet, les surfaces équipotentielles du champ de pesanteur ne sont pas parallèles à cause de la répartition inhomogène de la masse de la Terre, une équipotentielle d'une autre valeur que celle passant par l'instrument ne lui sera donc pas forcément parallèle.

De même, on sait que toute opération de nivellement, conduit à des résultats différents selon le cheminement parcouru, dès lors que l'on ne reste pas sur la même équipotentielle (Kasser, 1984).

Aussi afin de minimiser ces effets, outre les mesures gravimétriques qu'il sera nécessaire d'effectuer, il apparaît judicieux de choisir comme surface de référence une équipotentielle proche de la zone de travail. La plupart des travaux s'effectuant autour du niveau de la mer, c'est donc l'équipotentielle correspondant à la surface moyenne des océans qui est définie comme étant le géoïde.

II.2 – Notions d'altitude

Dans la vie courante, lorsque l'on cherche à positionner des ouvrages d'art, à implanter des aménagements urbains, ou à répondre à des besoins en matière de terrassement, d'aménagement de voirie, ou de réseaux par exemple, il est nécessaire notamment pour des raisons d'écoulements de fluides, de pouvoir positionner les éléments en « hauteur », relativement à d'autres points de repère. C'est la raison pour laquelle la notion d'altitude prend toute son importance au-delà de l'aspect scientifique qui nous concerne actuellement. On vient de voir précédemment que la mesure de dénivelée ne peut suffire à caractériser un positionnement précis en altitude car sa valeur dépend du chemin suivi. Pour palier à ce problème il est donc nécessaire d'utiliser un indicateur intégrant la notion de potentiel : en effet, la différence de potentiel entre deux points ne dépend pas du chemin suivi. Aussi, avant de définir les différents types d'altitudes existants, on commencera par introduire la « cote géopotentielle », valeur sur laquelle ils s'appuient.

II.2.1 – Cote Géopotentielle

Cette dernière est définie comme étant la quantité d'énergie à fournir (travail d'une force) pour élever au dessus du géoïde (de niveau de potentiel W_0) et jusqu'au point M un objet de masse unitaire :

$$C_M = W_0 - W_M = -\int_P^M \vec{g}\,\overrightarrow{dl} = \int_P^M g\,dn$$

On voit dans l'équation ci-dessus, que la valeur de la cote géopotentielle est indépendante du cheminement entre les points P (situé sur le géoïde) et M. On a dn, qui est la composante verticale de $\overrightarrow{dl}$, c'est-à-dire le résultat du produit scalaire de ce vecteur élémentaire de déplacement avec un vecteur unitaire, parallèle en tout point à $\vec{g}$, et orienté en sens opposé.

Cette cote géopotentielle constitue un indicateur de l'éloignement au géoïde : elle est comptée comme positive lorsque l'on est au dessus du géoïde ce qui représente bien la fourniture de l'effort à dépenser pour s'arracher de l'attraction de pesanteur.

Dans la formule ci-dessus, g, norme de l'accélération de la pesanteur, est mesurable à l'aide d'un gravimètre, et dn est mesurable à l'aide d'un niveau, dès lors que les distances élémentaires de nivellement sont faibles, et que l'on peut alors négliger le non parallélisme entre les surfaces équipotentielles.

L'unité utilisée pour la cote géopotentielle, le « gpu » (geopotential unit), équivaut à 100m/s² et n'est pas très adapté à des mesures métriques de hauteurs : en effet, g étant à peu près égal à 9,8 m/s², elle est de 2 à 3 % « inférieure » à des altitudes.

Aussi, différents types d'altitude ont été introduits, présentant chacun des avantages et inconvénients en fonction de l'utilité que l'on souhaite leur faire prendre.

II.2.2 – Altitude Dynamique

De la même manière que la cote géopotentielle, l'altitude dynamique reflète de façon idéale l'écoulement des eaux, puisqu'un fluide ne s'écoule pas entre deux points comportant la même altitude dynamique (qui sont donc situés sur la même surface équipotentielle).

On a

$$H_{Dynamique} = \frac{C}{\gamma_0^{45}}$$

Où γ_0^{45}, valeur constante, prend la valeur de l'accélération normale de potentiel à la latitude de 45°, au niveau de la mer. Cependant, lorsque l'on souhaite convertir des dénivelées en hauteur dynamique, il est nécessaire d'introduire des corrections assez importantes : c'est la raison pour laquelle ce type de hauteur n'est pas très utilisé, et on lui préfère l'altitude orthométrique ou l'altitude normale.

II.2.3 – Altitude Orthométrique

$$H_{Orthométrique} = \frac{C}{\bar{g}} \quad avec \quad \bar{g} = \frac{1}{H^O} \int_P^M g \, dH^O$$

On voit d'après l'équation ci-dessus que dans le calcul de l'altitude orthométrique, l'obtention de la valeur moyenne de l'accélération de pesanteur nécessite la connaissance de g le long de la ligne de force (courbe orthogonale en tout point aux surfaces équipotentielles) entre les points P et M dont la longueur est H^O et sur laquelle dH^O est un déplacement élémentaire. Le point P étant l'intersection avec le géoïde de la ligne de force du champ réel de pesanteur passant par M. Cette ligne de force intersecte la surface ellipsoïdale en E.

Il s'avère que g n'est pas précisément connu tout au long de cette courbe, puisqu'il faudrait procéder à des mesures gravimétriques à l'intérieur même de la Terre. De plus, puisque les courbes équipotentielles de pesanteur de sont pas forcément parallèles à cause de la répartition inhomogène des masses à l'intérieur, ainsi qu'à l'extérieur de la Terre, la valeur que prend l'altitude orthométrique n'est pas donc pas synonyme d'équipotentialité de pesanteur : de l'eau peut donc s'écouler entre deux points situés à une altitude orthométrique identique.

II.2.4 – Altitude Normale

L'idée est de pouvoir calculer une altitude normale de manière plus rationnelle qu'une altitude orthométrique. En l'occurrence, afin de calculer facilement la valeur moyenne de g, on choisit d'utiliser pour celui-ci le modèle de pesanteur normale. L'altitude normale est donc une mesure « d'altitude » selon ce modèle, pour arriver au niveau de potentiel normal égal à celui du potentiel réel, $W_M=W(M)$, du point M. Ce point M' de niveau de potentiel normal $U=W(M)$ est donc différent du point M, tel qu'illustré sur la figure F.4.

On appellera surface sphéropotentielle d'un point M, la surface équipotentielle du champ normal, dont le potentiel normal est égal au potentiel réel de M. De manière similaire à la formule d'altitude orthométrique, on obtient la formule d'altitude normale :

$$H_{Normale} = \frac{C}{\overline{\gamma}} \quad avec \quad \overline{\gamma} = \frac{1}{H^N} \int_{P'}^{M'} \gamma \, dH^N$$

On remarquera bien que dH^N représente un déplacement élémentaire sur la ligne de force du champ de pesanteur normal. Cette dernière est logiquement différente de la ligne de force du champ de pesanteur réel : en partant du point M, elle intersecte le niveau de potentiel normal $U=W_M$ (sphéropotentiel) en un point M', puis le géoïde en un point G', et enfin l'ellipsoïde, en P'. De même que le géoïde (situé à la distance N au dessus de l'ellipsoïde) est la surface de référence pour la pesanteur réelle, on a vu précédemment que l'ellipsoïde servant à la modélisation du champ de pesanteur normal en est sa propre surface de référence. Cet ellipsoïde s'apparente donc, puisqu'il constitue une équipotentielle de son propre champ de pesanteur, à ce que j'appellerai un « géoïde normal ». L'altitude normale devra alors logiquement être déterminée entre les point P' et M'. La longueur H^N de la ligne de force normale entre ces deux points est ainsi différente de la longueur H^O de la ligne de force du champ de pesanteur réel entre M et P. La figure F.4 ci-dessous illustre les différentes lignes de forces et types d'altitudes

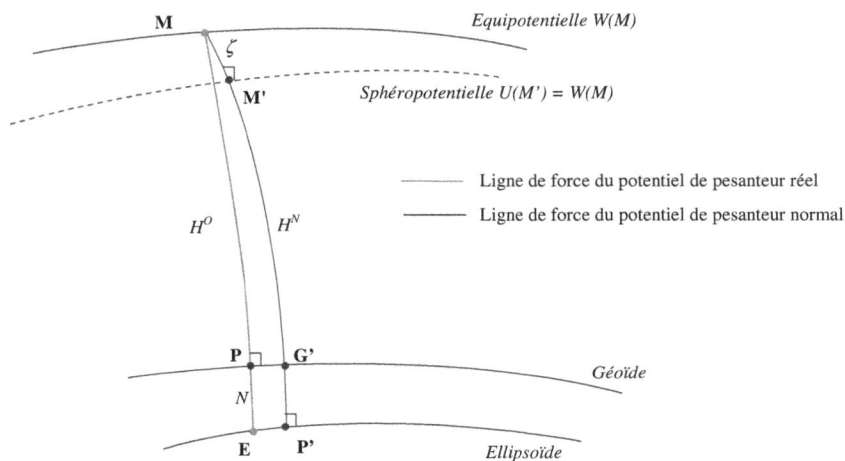

Figure F.4 : Représentation de l'altitude orthométrique et de l'altitude normale ainsi que des lignes de force correspondantes

II.3 – Quasi-géoïde et paramètres correspondants

De la même manière que l'on utilise le géoïde comme surface de référence des altitudes orthométriques ou de la cote géopotentielle, on est amené à introduire la notion de quasi-géoïde, qui est la surface de référence la mieux adaptée à la mesure de l'altitude normale.

II.3.1 – Anomalie d'Altitude ζ

L'anomalie d'altitude est la distance mesurée le long de la ligne de force normale, qui sépare l'équipotentielle du champ de pesanteur réel d'un point M situé à la surface de la Terre, de la surface sphéropotentielle correspondante. Il s'agit (figure F.4) de la distance MM'.

II.3.2 – Telluroïde

A chaque point de la surface topographique de la Terre correspond un niveau de potentiel de pesanteur et donc une anomalie d'altitude ζ. Ces anomalies peuvent être identiques mais également différentes selon le lieu ou l'on se trouve. On appelle Telluroïde la surface située à la distance ζ sous la surface topographique tel qu'illustré sur la figure F.5 ci-dessous. Le Telluroïde est donc une surface sur laquelle le potentiel normal est égal en chaque point au potentiel réel du point correspondant de la surface topographique. Elle reflète d'une certaine façon la surface topographique de la Terre, en étant le potentiel de pesanteur de cette surface mais transposé à un modèle de pesanteur normal.

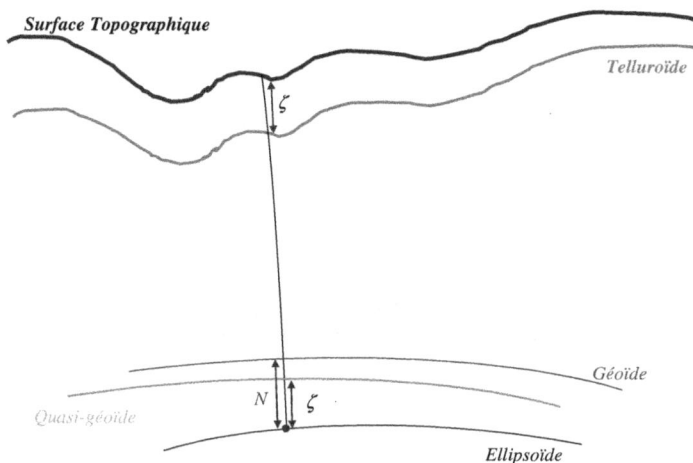

Figure F.5 : Représentation du Telluroïde et du Quasi-Géoïde

II.3.3 – Quasi-Géoïde

Le quasi-géoïde est la surface se situant au dessus de l'ellipsoïde, à une distance égale à l'anomalie d'altitude du point correspondant de la topographie.

Ce quasi-géoïde est parfois présenté comme la surface d'altitude normale nulle : cette définition ne me plait guère car l'on pourrait commettre une erreur d'interprétation en assimilant ce point virtuel d'altitude nulle à un point générateur de l'anomalie d'altitude : en effet, un point physique d'altitude normale nulle n'est pas systématiquement situé sur la surface topographique réelle de la Terre : son potentiel n'est pas égal au potentiel existant à la surface de la Terre. Son anomalie d'altitude est donc différente de l'anomalie d'altitude réelle, qui correspond à celle d'un point situé à la surface topographique de la Terre.

Contrairement au géoïde, le quasi-géoïde présente l'avantage de pouvoir être calculé relativement aisément : en effet, il ne fait appel à aucune connaissance sur la répartition des masses à l'intérieur de la Terre.

Si l'on néglige la courbure de la ligne de force du champ de pesanteur et qu'on l'assimile à la normale à l'ellipsoïde, on a les relations suivantes :

$$N = h - H^O$$

$$\zeta = h - H^N$$

où h représente la hauteur au dessus de l'ellipsoïde pour le point considéré.

CHAPITRE II

LE GEOIDE CÔTIER

SA DETERMINATION PAR LA MESURE D'ANOMALIES D'ALTITUDE ET DE LA TOPOGRAPHIE DYNAMIQUE OCEANIQUE

Le géoïde côtier représente la partie du géoïde qui se situe à cheval entre terre et mer. Il s'agit généralement d'une zone de quelques kilomètres de part et d'autre de la côte, qui est le siège de nombreux phénomènes naturels comme cela a été évoqué en introduction.

La détermination du géoïde côtier revêt donc une importance accrue dans ces zones littorales, mais c'est justement là que sa détermination précise est plus ardue.

I. LA PROBLEMATIQUE DE DETERMINATION DU GEOÏDE CÔTIER

Dans ces zones, qui se situent à l'interface entre terre et mer, le géoïde présente souvent des pentes ou des variations importantes qu'il est intéressant de connaître précisément. De nombreux facteurs peuvent rendre la détermination plus ou moins difficile selon la technique utilisée.

L'accès à la composante terrestre du géoïde côtier ne pose pas particulièrement de problèmes et nombreux sont les modèles de géoïdes et quasi-géoïdes de grande précision qui ont été élaborés depuis de nombreuses années dans différents pays à partir des mesures obtenues par différentes techniques comme la gravimétrie, l'astro-géodésie ou l'établissement d'anomalies d'altitudes.

C'est par contre sur sa composante marine que sa détermination est plus problématique.

En effet, mis à part les mesures gravimétriques aéroportées à basse altitude, toutes les autres techniques présentent des inconvénients qui rendent la tache beaucoup plus complexe :

- L'altimétrie radar par satellite, indépendamment de sa résolution actuellement kilométrique, est perturbée par le changement de milieu entre terre et océan, et ses mesures sont inutilisables sur une bande côtière d'une dizaine de kilomètres.
- Les mesures côtières ponctuelles du niveau de la mer sont longues et couteuses à réaliser pour une densité et une couverture suffisante du géoïde.
- Les mesures gravimétriques à partir de navires sont quant à elles peu précises, très onéreuses en terme d'infrastructure.

Ces zones côtières sont pourtant le siège de multiples interactions entre l'océan et la terre et de très nombreux phénomènes océaniques y ont cours. La mesure précise de la topographie dynamique de l'océan à cette échelle peut permettre à la fois d'apporter des informations intéressantes sur certains processus océaniques et côtiers présents localement et d'accéder à cette partie de géoïde.

La mise en correspondance des parties marines et terrestre lors de la détermination d'un modèle de géoïde côtier constitue un aspect non négligeable pouvant révéler des incohérences ou difficultés relatives aux observations réalisées, aux modèles de correction, de calibration ou d'assemblage.

Nous examinerons plus après une expérience pratique de modélisation d'un géoïde côtier à partir de déterminations d'anomalies d'altitudes sur la partie terrestre et de mesures de la topographie dynamique de la mer. Nous nous focaliserons donc dans la suite du document sur ces deux aspects avant d'aborder la mise en œuvre pratique.

L'accès au géoïde marin à partir de la topographie dynamique de l'océan met en scène de nombreux facteurs comme la marée, le forçage atmosphérique, l'effet stérique, la variabilité saisonnière, les courants océaniques, etc..., qu'il est nécessaire de répertorier, d'estimer et de corriger. Nous présenterons donc tous ces phénomènes et les modèles de correction que l'on appliquera pour estimer le géoïde à partir de la topographie dynamique.

En y ajoutant l'observation du géoïde sur la partie terrestre il est alors possible après assemblage d'obtenir une modélisation locale intéressante du géoïde sur la totalité de la zone côtière à cheval entre les milieux terrestres et océaniques.

II. DETERMINATION D'UN QUASI-GEOÏDE SUR SA COMPOSANTE TERRESTRE PAR LE CALCUL D'ANOMALIES D'ALTITUDES

Nous avons vu précédemment que la détermination de l'altitude d'un point, et de sa hauteur ellipsoïdale correspondante, permettait d'accéder au géoïde ou au quasi-géoïde selon le type d'altitude utilisée. Ainsi, une manière simple de détermination d'un géoïde ou d'un quasi-géoïde est d'obtenir pour chaque point de la surface Terrestre la hauteur ellipsoïdale ainsi que l'altitude.

En s'appuyant sur un réseau altimétrique déjà existant, et à proximité immédiate, il est possible par de simples opérations de nivellement, de dériver aisément l'altitude d'un point.

En France continentale, le réseau altimétrique en vigueur établi par l'Institut Géographique National, est un réseau d'altitudes normales dont les principales caractéristiques sont présentées ci-après (IGN, 2013) :

- Nom du système d'altitude : NGF IGN 69
- Origine : établie à partir des observations marégraphiques réalisées au Marégraphe de Marseille entre le 1er février 1885 et le 1er janvier 1897 (niveau moyen de la mer durant cette période). Le zéro correspond à la côte 0,329 de l'échelle de marée du fort de St Jean.
- Couverture totale du territoire métropolitain français.
- Ordres : subdivisés en 4 réseaux de plus en plus denses dits de 1er, 2ème, 3ème et 4ème ordres. Cela représente environ 300000 repères en bon état. La précision relative du réseau de premier ordre est d'environ 2 mm/km.

A partir de ce réseau d'altitudes normales, il est possible de déterminer par nivellement direct les altitudes normales de nouveaux points. La connaissance des hauteurs ellipsoïdale de ces points pourra s'effectuer simplement par techniques de positionnement par satellite.

Un maillage suffisamment dense de points, permettra alors, de déterminer un modèle précis de quasi-géoïde après interpolation des anomalies d'altitudes calculées en utilisant la formule présentée précédemment :

$$\zeta = h - H^N$$

où h représente la hauteur au dessus de l'ellipsoïde pour le point considéré et H^N l'altitude normale nivelée à partir du réseau NGF-IGN69.

C'est cette méthode, qui sera détaillée plus après lors de l'expérimentation pratique, que l'on utilisera pour déterminer un quasi-géoïde terrestre local, qui est dans ce cas, plus précisément, une surface de référence altimétrique. La réalisation du réseau altimétrique utilisé (le NGF – IGN69), limitera l'exactitude des solutions par la méconnaissance de l'écart précis entre le quasi-géoïde et la référence du système altimétrique ainsi que par les erreurs systématiques de mesures du réseau. Localement, par contre, la précision relative du réseau altimétrique sera très bonne et c'est la technique spatiale de détermination de la hauteur ellipsoïdale qui sera le facteur limitant. On accèdera localement aux variations du quasi-géoïde avec des précisions de quelques centimètres.

Cette surface de référence altimétrique, très proche du quasi-géoïde, sera dénommée dans la suite de ce document quasi-géoïde terrestre local.

III. DETERMINATION D'UN GEOÏDE SUR SA COMPOSANTE MARINE PAR LA MESURE DE LA TOPOGRAPHIE DYNAMIQUE

Comme on l'a vu au chapitre I, la surface d'un océan idéal au repos correspond au géoïde. Cependant, les océans sont le siège de nombreux phénomènes qui vont modifier continuellement la forme de cette surface en s'y additionnant, et la différencier du géoïde.

La connaissance précise de la surface des océans et de ses variations temporelles est donc de première importance dans l'étude du géoïde marin, mais également dans l'étude de nombreux phénomènes océaniques et atmosphériques.

Cette topographie de la surface de l'océan est appelée topographie océanique : c'est la hauteur de l'eau mesurée par rapport au géoïde, telle qu'illustré par la figure F.6. La topographie océanique est due aux phénomènes que sont par exemple les marées, les courants océaniques ou les variations de pression atmosphérique. Elle est également appelée topographie dynamique. Son amplitude varie de zéro à quelques mètres selon la nature et l'intensité des phénomènes qui la génèrent, et se trouve donc largement inférieure à la variation maximale de hauteur du géoïde qui est de 200m environ (+75 à -111m). Localement, par contre, le géoïde va présenter des variations de hauteur qui seront, elles, du même ordre de grandeur que la topographie dynamique, mais cette dernière évolue au fil du temps.

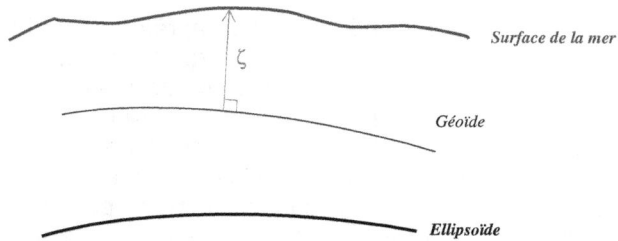

Figure F.6 : Représentation de hauteur de l'eau ζ mesurée par rapport au géoïde.

Les mesures du niveau de la mer sont de fait, résultantes de la topographie dynamique, du géoïde et des erreurs de mesures. Il apparaît donc indispensable de connaître quelques éléments de dynamique des océans et de ses spécificités en zone côtière afin de :

- pouvoir estimer quelques éléments connus de cette dynamique.
- avoir une meilleure appréhension des phénomènes susceptibles d'être rencontrés dans la phase d'analyse des données.
- déterminer les principaux paramètres qui devront être mesurés durant les campagnes d'observation.

La détermination des phénomènes quantifiables précisément, comme par exemple la marée, devra permettre d'en retirer les amplitudes aux valeurs mesurées du niveau de la mer afin :

- d'une part, de réduire au minimum la composante dynamique du niveau de la mer pour accéder au géoïde avec une meilleure précision,
- d'autre part, de mieux mettre en évidence d'éventuelles signatures de phénomènes pouvant intervenir en zone côtière.

30

III.1 – Les principales causes de la topographie dynamique

Examinons maintenant quelles sont les principales causes de la topographie dynamique de la mer.

III.1.1 – Effets stériques

Lorsque la température de l'eau augmente, à masse constante, le volume de la mer s'accroît. Cette expansion thermique est appelée effet stérique. Elle se produit dans tous les réservoirs d'eau (océans, mers, lacs…) et représente une contribution importante des changements du niveau de l'eau, de l'ordre de quelques centimètres. Cette expansion est également fonction de la salinité de l'eau. De plus, sous une pression importante (au fond de l'océan) ou bien à des températures plus importantes, cette expansion sera différente pour un apport de chaleur pourtant identique.

En effet, la masse volumique ρ de l'eau de mer dépend de la salinité S, de la température T et de la pression p.

La relation qui relie ces trois facteurs et qui permet d'obtenir la densité est appelée équation d'état de l'eau de mer : $\rho = \rho$ *(S, T, p)*. Il s'agit d'une relation empirique, résultat de nombreuses études, et qui a été établie pour la première fois au début du 20ème siècle par Knundsen et Ekman (Grasshoff, 1976). Elle prend maintenant la forme suivante (UNESCO, 1981) :

$$\rho(S,t,p) = \frac{\rho(S,t,0)}{1 - p/K(S,t,p)}$$

avec :

$$\rho(S,t,0) = \rho_w + (8.24493x10^{-1} - 4.0899x10^{-3}t + 7.6438x10^{-5}t^2 - 8.2467x10^{-7}t^3 + 5.3875x10^{-9}t^4)S$$
$$+ (-5.72466x10^{-3} + 1.0227x10^{-4}t - 1.6546x10^{-6}t^2)S^{3/2} + 4.8314x10^{-4}S^2$$

où ρ_w est la densité moyenne standard de l'eau de mer, prise comme référence et qui vaut :

$$\rho_w = 999.842594 + 6.793952x10^{-2}t - 9.095290x10^{-3}t^2 + 1.001685x10^{-4}t^3$$
$$- 1.120083x10^{-6}t^4 + 6.536332x10^{-9}t^5$$

$$K(S,t,p) = 19652.21 + 148.4206t - 2.327105t^2 + 1.360447x10^{-2}t^3 - 5.155288x10^{-5}t^4 + 3.239908p$$
$$+ 1.43713x10^{-3}tp + 1.16092x10^{-4}t^2p - 5.77905x10^{-7}t^3p + 8.50935x10^{-5}p^2 - 6.12293x10^{-6}tp^2$$
$$+ 5.2787x10^{-8}t^2p^2 + 54.6746S - 0.603459tS + 1.09987x10^{-2}t^2S - 6.1670x10^{-5}t^3S + 7.944x10^{-2}S^{3/2}$$
$$+ 1.6483x10^{-2}tS^{3/2} - 5.3009x10^{-4}t^2S^{3/2} + 2.2838x10^{-3}pS - 1.0981x10^{-8}tp^2S - 1.6078x10^{-6}t^2pS$$
$$+ 1.91075x10^{-4}pS^{3/2} - 9.9348x10^{-7}p^2S + 2.0810x10^{-8}tp^2S + 9.1697x10^{-10}t^2p^2S$$

Finalement, la contribution h de l'effet stérique, au niveau de l'eau peut s'exprimer de la manière suivante (Mork et Skagseth, 2005) :

$$h = \int_{-H}^{0} \frac{\rho_0 - \rho}{\rho_0} \, dz$$

où :

ρ_0 représente généralement une densité de l'eau à la température de 0°C et avec une salinité de 35 psu (Landerer et al, 2005)
ρ représente la densité de l'eau à la profondeur z

Application numérique

La figure F.7 présente les courbes de salinité et température en fonction de la profondeur à différentes époques de l'année, établies à partir des mesures réalisées en 2004 sur site DYFAMED (situé à environ 50 kilomètres au sud est de Nice) et qui sont disponibles à l'adresse *http://www.obs-vlfr.fr/sodyf/old/hydro.htm*.

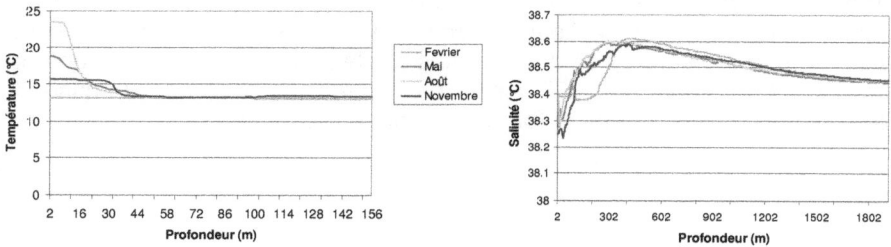

Figure F.7 : Courbes de températures et de salinités de l'eau de mer au large de Nice à différentes époques de l'année 2004 (d'après les données du site Dyfamed de l'Observatoire Océanologique de Villefranche sur Mer - *http://www.obs-vlfr.fr/sodyf/old/hydro.htm*)

A partir des données précédentes du site Dyfamed, et en appliquant l'équation d'état de l'eau de mer, on obtient la représentation de la densité en fonction de la profondeur (figure F.8) pour différentes périodes de l'année. On pourra remarquer que les écarts de densité entre les saisons apparaissent principalement dans la zone de 0 à 50 mètres de profondeur.

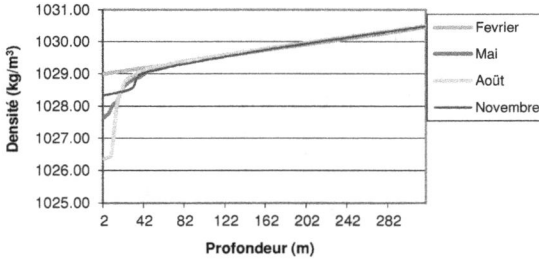

Figure F.8 : Densité de l'eau de mer au large de Nice à différentes époques de l'année 2004 (calculé d'après les données du site Dyfamed de l'Observatoire Océanologique de Villefranche sur Mer - *http://www.obs-vlfr.fr/sodyf/old/hydro.htm*)

L'application de cette formule sur les données précédentes de densité, fait apparaître à proximité des côtes niçoises une variation saisonnière maximale du niveau de l'eau due à l'effet stérique, de l'ordre de 6 cm entre les mois de Mars et Septembre 2004.

Comme nous le verrons ci-après, la variation saisonnière du niveau de l'eau ne se limite pas à l'effet stérique, et comporte d'autres composantes saisonnières qui s'y additionnent.

III.1.2 – Variations séculaires

Sur une échelle de temps s'étendant de plusieurs dizaines d'années à plusieurs centaines d'années, la Terre, qui n'est jamais dans un état d'équilibre parfait, est en changement continu. La température de surface varie par exemple considérablement en réponse aux forçages externes ou par les oscillations internes dues au couplage océan – atmosphère. Ces changements naturels interviennent à la fois sur du court terme mais également sur du long terme. Ainsi les variations des 100 dernières années ne doivent pas être interprétées sans avoir préalablement analysé les variations sur du plus long terme, c'est-à-dire sur quelques milliers d'années (IGBP, 1990). Ces modifications climatiques ont bien évidement un effet direct sur le niveau des océans (Vellinga et al, 1989). On voit donc que l'augmentation du niveau de la mer s'inscrit dans le cadre plus général de ce que l'on appelle le changement global dont la compréhension détaillée est particulièrement complexe puisqu'elle nécessite de maîtriser tous les facteurs internes et externes qui influencent le système Terre, aussi bien au niveau physique, chimique que biologique. On peut citer à titre d'illustration quelques phénomènes naturels que sont les modifications de l'activité solaire que l'on

33

peut mesurer en remontant à plusieurs centaines d'années (Beer et al., 1988), le changement de l'orbite de la Terre qui détermine la distribution latitudinale et saisonnière de la radiation solaire reçue, ou l'activité volcanique dont le rejet de matière dans l'atmosphère peut avoir un impact à court terme sur le changement de température à cause de la turbidité engendrée dans l'atmosphère et de la modification de sa composition. Mais au-delà de ces quelques phénomènes naturels, d'importantes et récentes modifications sont générées par l'action de l'homme. Une industrialisation qui a explosé au cours des 150 dernières années a créé des émissions de gaz à effet de serre en quantité très importante. Les changements créés dans le domaine de l'utilisation des terres (déforestation, agriculture, élevage) ont également un impact certain sur le réchauffement global de la planète. Ainsi, la variation séculaire du niveau de la mer résulte de la modification de l'équilibre de la Terre. La modification du cycle des précipitations (Pfister, 1990), la variation du stockage d'eau dans la terre (Zektser et al, 1983) à cause des changements de la couverture de végétation, des sols, ou du climat, ainsi que la fonte de la cryosphère (calotte glacière, glaciers...) sont autant de facteurs qui peuvent expliquer directement la modification du niveau de l'eau dans les océans. Cette dernière est d'ailleurs reconnue comme étant responsable de plus d'un tiers de la modification du niveau de l'eau (figure F.9 ci-dessous - Cazenave et al, 2006). En effet, le réchauffement dû à l'effet de serre peut influencer de manière significative la quantité annuelle d'eau stockée dans les glaces antarctiques. Cependant une incertitude de 20% dans l'estimation de l'accumulation d'eau sous forme de glace est équivalente à une variation du niveau de la mer de 10 centimètres par siècle (Peltier et al, 1989).

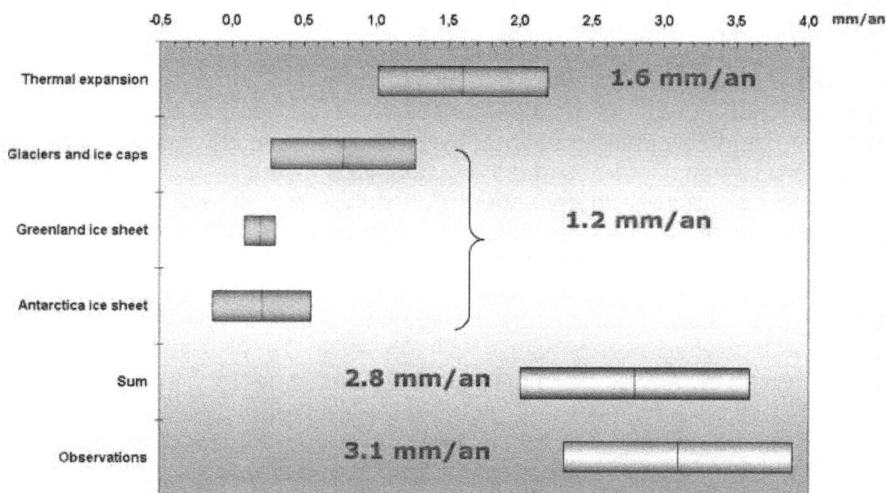

Figure F.9 : Contribution au niveau de la mer 1993-2003 (Cazenave, A., 2006)

III.1.3 – Variations saisonnières

Les variations saisonnières du niveau de l'eau affectent globalement tous les océans et mers et sont dues à plusieurs phénomènes dont les amplitudes varient de manière saisonnière.

Les modifications des températures de l'eau à cause du rayonnement solaire, ou dues à des courants, vont par exemple introduire une variation saisonnière du niveau de l'eau par l'entremise de l'effet stérique présenté précédemment.

L'apport d'eau généré par les pluies ou les fleuves, ou au contraire son évaporation va également modifier directement les masses d'eau contenues dans les océans. La figure F.10 ci-dessous (Shultz, 2003) présente les variations de précipitations saisonnières à l'échelle du globe.

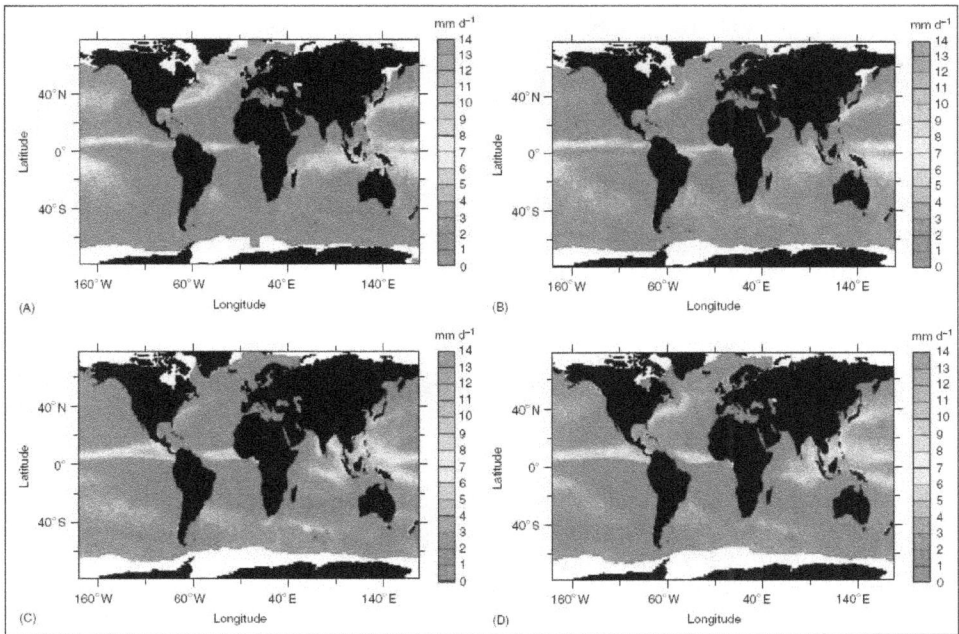

Figure F.10 : Moyennes saisonnières sur une période de 11 ans (1987 – 1998) de précipitations en mm/jour pour les mois de (A) Décembre Janvier Février , (B) Mars Avril Mai , (C) Juin Juillet Août , (D) Septembre Octobre Novembre   (Shultz, 2003)

La figure F.11 présente quant à elle, à l'aide de modélisations indirectes utilisant des formules dites de « bulk », les variations saisonnières des quantités d'eau évaporées.

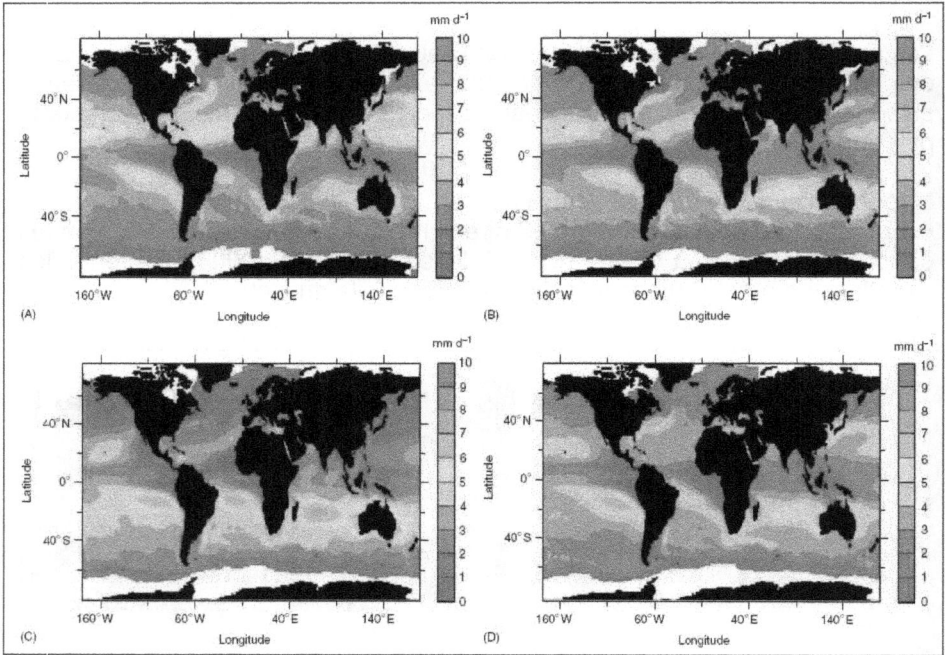

Figure F.11 : Moyennes saisonnières sur une période de 11 ans (1987 – 1998) de l'évaporation en mm/jour pour les mois de (A) Décembre Janvier Février, (B) Mars Avril Mai , (C) Juin Juillet Août , (D) Septembre Octobre Novembre   (Shultz, 2003)

Enfin, c'est en effectuant le bilan constitué de l'évaporation saisonnière moins les précipitations saisonnières que l'on peut effectivement constater une variation saisonnière des masses d'eau selon la saison (figure F.12), qui contribue directement à la variation saisonnière du niveau de l'eau.

Sur les côtes niçoises qui seront l'objet de notre expérimentation, en exploitant les mesures du marégraphe de Nice, on peut mettre en évidence une variation saisonnière du niveau de l'eau.

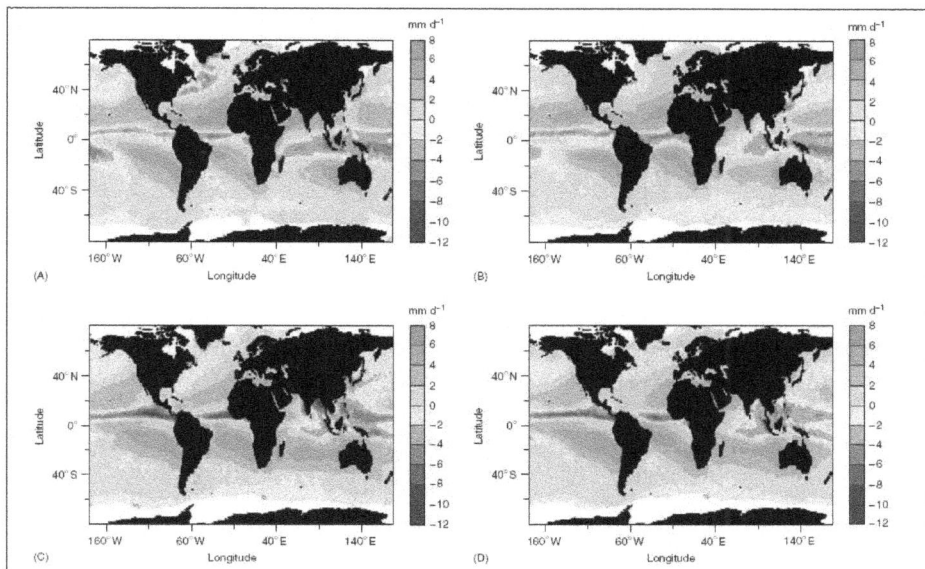

Figure F.12 : Moyennes saisonnières sur une période de 11 ans (1987 – 1998) en mm/jour du bilan Evaporation - Précipitation pour les mois de (A) Décembre Janvier Février , (B) Mars Avril Mai , (C) Juin Juillet Août , (D) Septembre Octobre Novembre (Shultz, 2003)

La figure F.13 ci-dessous a été établie à l'aide des mesures réalisées entre 2002 et 2005 sur lesquelles un filtre passe bas composé d'une moyenne mobile à 30 jours a permis d'éliminer les oscillations rapides dues à la marée.

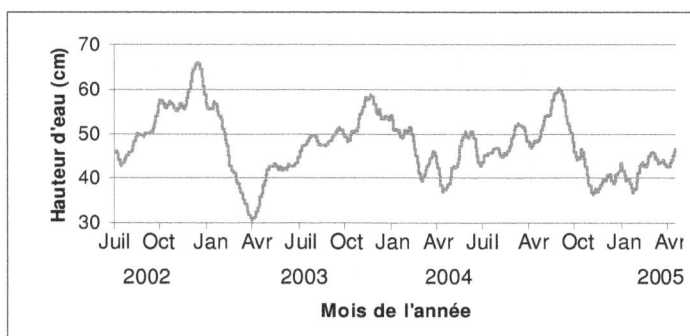

Figure F.13 : Hauteurs d'eau enregistrées au marégraphe de Nice entre Juillet 2002 et Avril 2005 après filtrage par une moyenne mobile à 30 jours (données source SHOM et SONEL)

37

On peut y remarquer une variation saisonnière d'une amplitude moyenne d'une vingtaine de centimètres

Tous ces processus saisonniers vont intervenir sur des échelles spatiales largement supérieures à une zone côtière, de l'ordre de plusieurs centaines voire milliers de kilomètres.

III.1.4 – Pression atmosphérique

Les variations spatiales et temporelles de la masse de l'atmosphère engendrent des fluctuations de la pression qui s'exerce la surface de la mer. En réponse, le niveau de celle-ci va donc varier.

En première approximation on pourra considérer que l'océan répondra de manière isostatique selon la règle d'ajustement généralement nommée « baromètre inverse ». Dans ce cas de figure, la correction C en mètre, à apporter, est égale à :

$$C = \frac{\Delta P}{\rho g}$$

Avec : ΔP la variation de pression (en Pa),
ρ la densité de l'eau (en kg/m^3),
g l'accélération de la pesanteur (en m/s^2).

Application numérique :

Si l'on utilise la valeur de l'accélération normale de pesanteur calculée pour Nice au chapitre précédent de 9,8046 m/s^2 ainsi qu'une densité moyenne de 1027 kg/m3 pour l'eau de mer, on arrive à un facteur de correction de 9,931 mm / HPa.

Cette correction du baromètre inverse est particulièrement bien adaptée pour la plupart des océans ouverts dans lesquels la réponse de l'océan est principalement statique (Ponte et al, 1991). Il a ainsi pu être constaté des écarts types de 1 à 3 cm avec les corrections provenant du modèle de baromètre inverse.

Cependant, dans le cas de variations de pressions atmosphériques importantes et rapides (avec des périodes inférieures à 2 jours) ce modèle perd en fiabilité. De même, dans les régions côtières ou bien dans les mers semi fermées, d'autres modèles plus complexes correspondant à des réponses non isostatiques et basés par exemple sur des résonateurs d'Helmholtz ont été élaborés et offrent de meilleures performances (Le Traon et Gauzelin, 1997, Ducet et al, 1999, Lyu et al, 2002, etc...)

III.1.5 – Les courants et les fronts

Les courants océaniques résultent de différents facteurs comme le forçage atmosphérique, ou les différences de densités de l'eau, et peuvent conduire à des variations localisées du niveau de la mer, en tant que composante active de la dynamique des océans. On pourra mentionner entre autres, les courants géostrophiques, les phénomènes de upwelling ou downwelling (remontée ou plongée des eau), ou les fronts (zones étroites caractérisées par de forts gradients dans les propriétés de l'océan) qui sont autant de facteurs pouvant avoir un impact sur la topographie océanique.

Les principaux courants et fronts pouvant avoir un impact sur la topographie océanique en zone côtière sont présentés ci-après.

III.1.5.1 – Notions de courant géostrophique

Lorsque la force de Coriolis équilibre la variation de pression horizontale de l'océan, un courant est dit géostrophique. De plus, il faut supposer que ce courant possède une vitesse horizontale constante strictement inférieure à sa vitesse verticale, que les forces de frottement sont négligeables, et que seule la pesanteur s'applique en sus de la force de Coriolis.

En appliquant ces conditions aux équations de Navier - Stokes, on obtient les équations géostrophiques des composantes horizontales de la vitesse du courant :

$$ u = - \frac{1}{f \, \rho} \frac{\partial p}{\partial y} \qquad et \qquad v = - \frac{1}{f \, \rho} \frac{\partial p}{\partial x} $$

où :

> u, v sont les vitesses horizontales du courant selon respectivement l'axe des x et l'axe des y dans un repère géocentrique cartésien
> p est la pression
> ρ est la densité de l'eau

En supposant une pression atmosphérique constante à la surface, et g et ρ constants entre 0 et $|\zeta|$, les composantes de la vitesse du courant à la profondeur d sont données par :

$$u = -\frac{1}{f\,\rho}\frac{\partial}{\partial y}\int_{-d}^{0} g(x,y,z)\,\rho(z)\,dz - \frac{g}{f}\frac{\partial \zeta}{\partial y}$$

et

$$v = \frac{1}{f\,\rho}\frac{\partial}{\partial x}\int_{-d}^{0} g(x,y,z)\,\rho(z)\,dz - \frac{g}{f}\frac{\partial \zeta}{\partial x}$$

On voit clairement que le courant géostrophique a deux composantes :

- l'une due aux variations horizontales de g et ρ
- l'autre due à la pente de la surface de la mer

En surface (ou juste sous la surface), le courant géostrophique est directement proportionnel à la pente de la surface de l'eau et égal à :

$$u_s = -\frac{g}{f}\frac{\partial \zeta}{\partial y} \qquad et \qquad v_s = \frac{g}{f}\frac{\partial \zeta}{\partial x}$$

Rigoureusement, ce courant ne devrait exister qu'au large, donc loin des côtes, sur des distances de plusieurs dizaines de kilomètres et pour des durées de plusieurs jours.
Cependant on peut considérer que des courants géostrophiques peuvent pénétrer occasionnellement à proximité des côtes, ou plus simplement, on pourra considérer qu'une pente du niveau de la mer peut être expliquée par ce que l'on appellera une composante géostrophique d'un courant, c'est-à-dire une composante répondant aux conditions d'équilibre géostrophique énoncées ci-dessus.

Ainsi, de la même manière que le fait l'altimétrie par satellite, l'observation du niveau de la mer par GNSS peut permettre d'extraire la pente de la surface et d'en déduire le courant géostrophique de surface. Il faut bien entendu pour cela connaître précisément le géoïde, sinon on pourra uniquement étudier la variabilité de ce courant à partir de la variabilité de la pente. En disposant de paramètres supplémentaires, on pourra accéder au profil de la vitesse du courant en fonction de sa profondeur.

III.1.5.2 – Couche et Transport d'Ekman

Lorsque le vent souffle, un courant de surface sur une faible profondeur pouvant aller jusqu'à quelques centaines de mètres se crée. Cette zone est appelée couche d'Ekman, et part du principe que :

- premièrement, l'océan présente une viscosité tourbillonnaire verticale A_z constante de la forme :

$$T_{xz} = \rho\, A_z\, \frac{\partial u}{\partial z} \quad ; \quad T_{yz} = \rho\, A_z\, \frac{\partial v}{\partial z}$$

avec

ρ Densité de l'eau

T_{xz} , T_{yz} composantes horizontales de la force qu'exerce le vent sur l'eau.

- et que deuxièmement, l'écoulement est stable en direction et en temps :

$$\frac{\partial}{\partial t} = \frac{\partial}{\partial x} = \frac{\partial}{\partial y} = 0$$

En appliquant cela à l'équation de Navier - Stokes, on obtient les équations suivantes (f étant le paramètre de Coriolis) :

$$f\, v + A_z\, \frac{\partial^2 u}{\partial z^2} = 0$$

$$-f\, v + A_z\, \frac{\partial^2 v}{\partial z^2} = 0$$

dont les solutions sont de la forme :

$$u = V_0\, e^{az}\, \cos\left(\frac{\pi}{4} + az\right)$$

$$v = V_0\, e^{az}\, \sin\left(\frac{\pi}{4} + az\right)$$

Le courant généré a en surface une direction orientée à 45° à droite du sens du vent dans l'hémisphère nord. Ce courant décroît exponentiellement avec la profondeur tandis que son orientation ne cesse de tourner dans le sens des aiguilles d'une montre (toujours dans l'hémisphère nord).

La vitesse du courant à la surface est donnée en fonction de la latitude et de la vitesse du vent U_{10} à 10 mètres au dessus du niveau de la mer par la formule suivante :

$$V_0 = \frac{0{,}0127}{\sqrt{\sin\varphi}}\, U_{10} \qquad avec \qquad |\varphi| \geq 10°$$

La profondeur de la couche d'Ekman a été définie comme étant la profondeur à laquelle le courant est opposé au courant de surface, elle est égale à :

$$D_E = \sqrt{\frac{2\,\pi^2\, A_z}{f}} = \frac{7{,}6}{\sqrt{\sin\varphi}}\, U_{10} \qquad avec \qquad |\varphi| \geq 10°$$

41

On pourra noter que de manière similaire, une couche d'Ekman existe également au fond des océans, au contact avec la topographie sous marine, mais aussi au bas de l'atmosphère, au contact avec la terre ou l'océan.

Jusque là, ce courant ne répond pas aux conditions de courant géostrophique ou de courant qui contribue à modifier la topographie dynamique de la mer. Par contre, on le verra plus loin, ce sont ses effets induits qui pourront, eux, modifier la topographie océanique.

La masse d'eau M_E transportée par la couche d'Ekman est définie comme étant la masse d'eau passant à travers une bande plane verticale de largeur égale à 1 mètre et s'étendant de la surface jusqu'au bas de la couche d'Ekman. Ses composantes valent donc :

$$M_{Ex} = \int_{-D_E}^{0} \rho \, u \, dz \qquad M_{Ey} = \int_{-D_E}^{0} \rho \, v \, dz$$

Appliqué aux équations de Navier - Stokes, et en considérant que la tension due au vent au pied de la couche d'Ekman est négligeable (la vitesse du courant l'étant), on obtient :

$$M_{Ex} = -\frac{T_{xz}(0)}{f} \qquad M_{Ey} = \frac{T_{yz}(0)}{f}$$

Ainsi le transport d'Ekman est perpendiculaire au vent soufflant à la surface et est orienté à sa droite dans l'hémisphère nord.

A titre d'illustration, un vent soufflant à proximité des côtes et orienté Ouest – Est, va donc générer un transport de masse d'eau orienté Nord – Sud, donc depuis la côte vers le large. Un déficit d'eau près des côtes va donc se créer, et peut se traduire par une baisse du niveau de l'eau de quelques centimètres.

III.1.5.3 - Upwelling, Downwelling, et phénomènes associés

Une telle baisse du niveau de l'eau peut être compensée par une remontée des eaux profondes, phénomène connu sous nom anglais d'upwelling.
Les upwellings côtiers, vont contribuer d'une manière générale à modifier la distribution verticale des propriétés de l'eau, comme par exemple la température (dans ce cas les thermoclines peuvent s'en trouver modifiées, ce qui pourra avoir un effet direct sur la hauteur de l'eau, une colonne d'eau chaude de même poids qu'une colonne d'eau froide ayant une hauteur

supérieure) ou les gradients de pression hydrostatique qui peuvent alors générer des courants géostrophiques qui vont influencer la topographie dynamique.

De manière similaire, des transports d'Ekman vers la côte peuvent se produire : subissant de tels phénomènes, la hauteur du niveau de la mer sur les côtes pourrait s'en trouver directement modifiée, ou indirectement par l'intermédiaire de plongée d'eaux, ou downwelling.

Les échelles de ces variations de hauteur du niveau de la mer sont du même ordre de grandeur que les courants qui les initient, soit entre quelques heures à quelques jours en ce qui concerne la région de la présente étude. En effet, aucun phénomène stationnaire de ce type n'a été mis en évidence sur les côtes niçoises, contrairement à d'autres régions côtières du monde comme au Pérou, en Somalie, en Californie, au Maroc, ou encore en Tunisie.
Il est intéressant de souligner que les phénomènes d'upwelling peuvent faire remonter des nutriments en quantité importante des profondeurs (et donc fertiliser le phytoplancton) et rendre de ce fait la mer plus productive pour les pêcheurs.

III.1.5.4 – Les fronts dus à différents phénomènes

Les fronts sont des zones étroites caractérisées par de forts gradients dans les propriétés de l'océan ; ces gradients peuvent apparaître dans différentes circonstances à la surface de l'océan ou de la mer en zone côtière et peuvent engendrer des faibles dénivellations de l'ordre de quelques centimètres sur le niveau de la mer. On peut à titre d'exemple, évoquer le cas d'un courant inertiel pouvant générer un front, pouvant lui-même créer des modifications de hauteur d'eau localisées sur ces fronts.

Lorsqu'un vent souffle durant plusieurs heures sur la surface de l'océan, on peut considérer que la réponse de la mer va se traduire par une mise en mouvement de masses d'eau. Ensuite cette eau continuera à se déplacer à cause de son inertie. Si l'on suppose qu'aucune autre force ne s'applique, la trajectoire de cette eau ne sera soumise qu'à l'action de la force de Coriolis puisque la Terre tourne sur elle-même.

En repartant des équations de Navier - Stokes, on peut écrire :

$$\frac{d\vec{v}}{dt} = -\frac{1}{\rho}\nabla\vec{p} - 2\vec{\Omega}\wedge\vec{v} + \vec{g} + \vec{F}_r$$

En considérant qu'aucune force de friction ne s'exerce à l'intérieur de l'océan, $\vec{F}_r = 0$ et on a le système d'équations suivant :

$$\frac{du}{dt} = -\frac{1}{\rho}\frac{\partial p}{\partial x} + 2\Omega u \sin\varphi$$

$$\frac{dv}{dt} = -\frac{1}{\rho}\frac{\partial p}{\partial y} - 2\Omega u \sin\varphi$$

$$\frac{dw}{dt} = -\frac{1}{\rho}\frac{\partial p}{\partial z} + 2\Omega u \cos\varphi - g$$

Avec *u, v, w* qui sont les composantes du vecteur vitesse $\vec{v}$ de déplacement de l'eau dans un repère géocentrique cartésien, Ω est la vitesse angulaire de rotation de la Terre, et φ la latitude. Comme seule la force de Coriolis s'applique, il ne doit pas y avoir de gradient de pression horizontale et de ce fait, $\frac{\partial p}{\partial x} = \frac{\partial p}{\partial y} = 0$

En supposant que le mouvement de l'eau se fait principalement horizontalement, on a *w<<u* et *w<<v*, et ainsi *2Ω cos φ << g*. On obtient :

$$\frac{du}{dt} = 2\Omega u \sin\varphi \qquad \text{et} \qquad \frac{dv}{dt} = -2\Omega u \sin\varphi$$

Ce qui correspond à l'équation différentielle $\frac{d^2 v}{dt^2} + f^2 v = 0$ avec *f = 2Ω sin* φ (paramètre de Coriolis), dont la solution est :

$$u = V \sin ft$$
$$v = V \cos ft$$
$$V^2 = u^2 + v^2$$

Il s'agit d'équations paramétriques pour un cercle de diamètre *D=2V/f* et de période, dite inertielle, *T=2π/f*

On retrouve ce type de courant dans toutes les mers et océans, à toutes les profondeurs. En méditerranée, la rotation se fait dans le sens des aiguilles d'une montre puisque l'on se situe dans l'hémisphère nord (elle s'effectue dans le sens inverse dans l'hémisphère sud).

<u>Application numérique :</u>

A une latitude de 43°37'00" correspondant à une zone située à environ 8 kilomètres au sud de notre zone d'expérimentation, on peut dresser le graphique indicatif (Figure F.14) des diamètres caractéristiques pour différentes vitesses de courants.

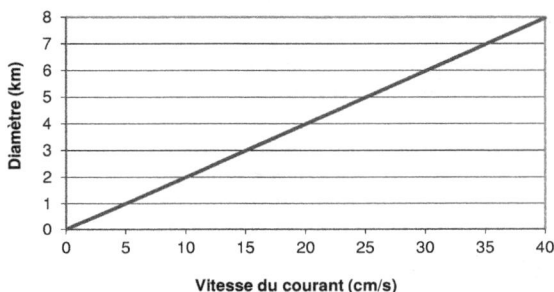

<u>Figure F.14 :</u> Représentation en fonction de sa vitesse, du diamètre théorique d'un courant de type inertiel qui serait localisé à 8 kilomètres au sud de la zone d'expérimentation de notre modèle de géoïde côtier

La figure F.15 illustre pour sa part des exemples réels de courants inertiels.

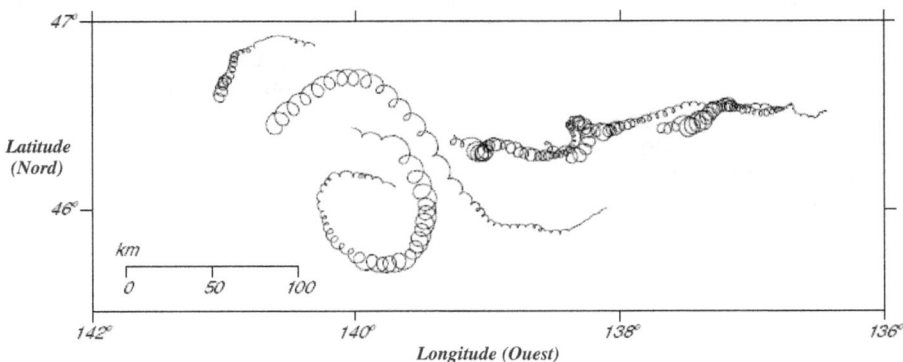

<u>Figure F.15 :</u> Exemple de courant inertiel (Van Meurs, 1998)

Ces courants ne présentent pas de variation de pression horizontale, et ne sont donc pas censés générer une modification de la topographie dynamique. Cependant au moins deux raisons font que l'on peut néanmoins, dans certains cas, constater une modification de cette topographie :

45

- En se déplaçant, le courant d'eau peut, plus loin, être entouré d'eau ne présentant pas les mêmes caractéristiques (température, salinité,..), et ce fort gradient horizontal des propriétés de l'eau peut générer une variation du niveau de l'eau à l'interface entre le courant et l'eau qui l'entoure.
- En se rapprochant du littoral, la composante orthogonale à la côte de sa vitesse, va diminuer jusqu'à s'annuler. De ce fait, la même composante de la force de Coriolis s'annulera, nécessitant la création d'un gradient du niveau de la mer perpendiculaire à la côte afin que l'équilibre géostrophique permette à l'écoulement, le long de la côte de se faire.

Ces deux facteurs peuvent d'ailleurs s'appliquer à tous les autres types de courants à proximité immédiate des côtes.

D'une manière générale des fronts peuvent également être constatés en zone côtière, dû au fait que les propriétés des masses d'eau sur les plateaux continentaux ou à proximité des côtes sont généralement différentes de celles de l'océan hauturier, principalement à cause des flux d'eaux douce apportés par les rivières et de l'importance accrue des processus frictionnel dans les profondeurs réduites. Enfin, d'autres zones frontales doivent encore leur existence à la balance entre les deux sources d'énergie de l'océan que sont les flux de chaleur par radiation solaire et les courants de marée. Alors que les premiers tendent à stratifier l'océan, les seconds par le mélange turbulent, empêchent cette stratification. Des fronts séparent donc deux régions, l'une relativement homogène dominée par des courants dus à la marée, l'autre stratifiée sous l'effet du rayonnement solaire. La largeur de ces zones frontales est généralement très étroite et est particulièrement importante d'un point de vue environnemental puisqu'ils peuvent piéger des polluants ou au contraire les entraîner vers le large si les structures tourbillonnaires qui s'y développent migrent dans cette direction (Mourre, 2004).

III.1.5.5 – Les marées

La marée océanique, est un phénomène bien connu correspondant au mouvement des eaux des mers et des océans sous l'effet des forces de gravitation de la Lune et du Soleil essentiellement. La figure F.16 (Larousse, 2013) ci-dessous illustre schématiquement des différentes phases et amplitudes de marée selon les configurations géométriques de la Terre, de la Lune et du Soleil.

On notera que les maximums d'amplitudes des marées apparaissent lors de la syzygie (alignement des trois corps célestes).

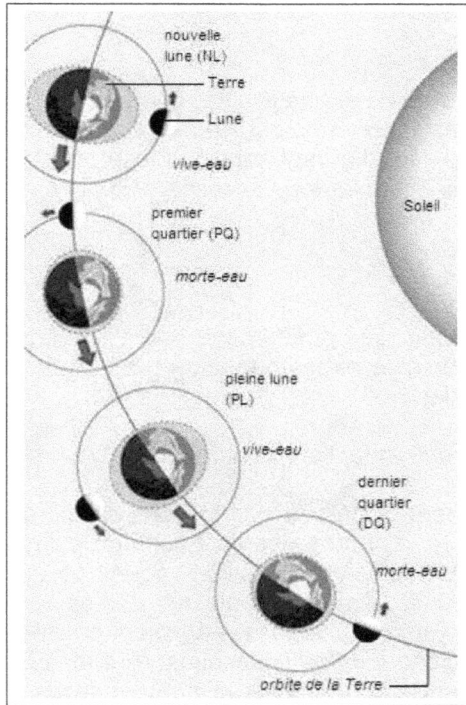

Figure F.16 : représentation du phénomène de marée
(*Source : Larousse, dessin Jacques Toutain*)

Le marnage qui correspond à la différence de hauteur d'eau entre le niveau de pleine mer et de basse mer pour un jour donné, peut atteindre d'importantes valeurs. A titre d'exemple des plus fortes marées dans le monde, on peut citer les baies de Fundy ou d'Ungava au Canada, dans lesquelles le marnage atteint environ 18m. On peut également citer le port de Bristol en Angleterre ou la Baie de Saint Malo en France pour lesquels, le marnage atteint 15m.

Aujourd'hui la modélisation des marées sur l'océan profond a atteint une précision de l'ordre de 2 cm (Mourre, 2004) tandis qu'en zone côtière elle demeure plus complexe à modéliser et présente parfois des erreurs supérieures à 6 cm (Le Provost, 2001). En général, les modèles de marée considèrent des conditions atmosphériques moyennes de 1013 HPa. Les prédictions sont donc indiquées pour cette valeur de pression et des surcotes ou décotes interviendront selon les écarts à cette pression atmosphérique moyenne. Le lecteur pourra se référer à l'importante littérature existante sur ces phénomènes de marée.

Ce mouvement de marée n'est pas limité aux eaux : le manteau terrestre qui est également soumis aux mêmes forces d'attractions gravitationnelles présentera malgré sa viscosité importante un léger déplacement vertical. On parlera alors de marée océanique ou terrestre selon le cas.

III.1.5.6 – Les vagues

On s'attardera ici sur ce phénomène dont on devra tenir compte ultérieurement lors de notre expérimentation pratique de détermination d'un modèle de géoïde côtier.

Les ondulations rapides que l'on peut percevoir à la surface de la mer constituent les vagues.
Elles sont généralement générées par le vent qui souffle à la surface de l'océan : tout d'abord le vent crée des variations de pressions aléatoires à la surface de l'eau qui produisent des petites vagues de quelques centimètres (Philipps, 1957). Ensuite, le vent agit sur les petites vagues en les faisant grossir (Miles, 1957). Enfin, les vagues réagissent entre elles pour s'associer et former de plus longues vagues (Hasselmann et al, 1973). Lorsqu'elles se forment au large sous l'action du vent et arrivent sur la côte en conservant une stabilité temporelle et spatiale de plusieurs heures, on parle alors de houle.

Leur longueur d'onde, correspondant à la distance entre deux crêtes ou deux creux, s'étend de quelques mètres à une ou deux centaines de mètres environ tandis que les périodes sont approximativement comprises entre 5 et 30 secondes. La difficulté concernant ces phénomènes est qu'ils ne sont pas totalement constants, aussi bien en temps, qu'en direction, et leurs propriétés statistiques, qui peuvent être établies par des observations, varient en fonction du temps.

On peut modéliser la variation de hauteur de l'eau due à la propagation des vagues d'une manière simplifiée si l'on considère que l'écoulement s'effectue dans 2 dimensions. Si l'on néglige la force de Coriolis et la viscosité de l'eau, on peut écrire que l'élévation de la surface de l'eau ζ pour une vague voyageant dans la direction des x est :

$$\zeta = a\sin(kx - wt) \quad \text{avec} \quad w = \frac{2\pi}{T} \quad et \quad k = \frac{2\pi}{L}$$

où

w est la pulsation en radian par seconde,

f est la fréquence des vagues en hertz,
T est la période,
k est le nombre d'onde,
L est la longueur d'onde.

Concernant les vagues, Lamb, 1945, a établi la relation de dispersion qui relie la pulsation w au nombre d'onde k :

$$w^2 = g\, k\, \tanh(kd)$$

où

d est la profondeur d'eau
g est l'accélération de pesanteur

Deux approximations de cette relation ont été formulées à des fins de simplifications :

- en eau profonde lorsque d est largement supérieur à la longueur d'onde L.
  Dans ce cas, d>>L, kd>>1, tanh(kd)=1 et on a : $w^2 = g\, k$

- en eau peu profonde lorsque d est largement inférieur à la longueur d'onde L.
  Dans ce cas, d<<L, kd<<1, tanh (kd) = kd et on a $w^2 = g\, k^2\, d$

En considérant ces deux cas de figure on peut établir les vitesses de phase et de groupe :

- en eau profonde : $\quad v_p = \sqrt{\dfrac{g}{k}} = \dfrac{g}{w} \quad$ et $\quad v_g = \dfrac{\partial w}{\partial k} = \dfrac{g}{2w} = \dfrac{v_p}{2}$

- en eau peu profonde : $\quad v_p = \sqrt{g\, d} \quad$ et $\quad v_g = \dfrac{\partial w}{\partial k} = \sqrt{g\, d} = v_p$

On pourra remarquer les vagues provenant de l'océan hauturier se propagent (vitesse de phase) deux fois plus rapidement que leur vitesse de groupe, ce qui n'est pas le cas lorsque ces vagues s'approchent des côtes et entrent en eaux peu profondes.

Dans ces zones, les vitesses de phase et de groupe des vagues varient en fonction de la profondeur alors que la période demeure identique. Ainsi une topographie sous-marine inégale va introduire des déformations dans la propagation des vagues puisque la vitesse de groupe est plus rapide dans les zones plus profondes. Ce phénomène va ainsi contribuer à une dynamique océanique inégale selon le lieu en zone côtière, alors même que la houle provenant du large pouvait présenter un comportement statistique homogène et stable.

A proximité immédiate des plages, la dissipation de l'énergie contenue dans les vagues va s'effectuer par des modifications de sa hauteur et par le phénomène de cassure des vagues, phénomène fort apprécié des surfeurs ! Ces vagues peuvent générer des courants perpendiculaires à la côte et espacés de quelques centaines de mètres afin de permettre aux masses d'eau de retourner vers le large. A titre indicatif, ces forts courants que l'on rencontre fréquemment sur les plages d'atlantique mais relativement peu en Méditerranée, peuvent également creuser les faibles fonds et constituent en tout état de cause un danger important pour les baigneurs.

Différents types de vagues ont été étudiés et définis de manière précise et correspondent à des réponses à différents paramètres comme la forme de la côte, la topographie sous marine, l'action particulière du vent comme les tempêtes, ou même les séismes sous marins. La triste actualité dans ce domaine, survenue dans l'océan indien en 2004 ou au Japon en 2011 témoigne de l'ampleur et de la gravité que peuvent avoir ces dernières vagues, connues sous le nom de tsunamis. Ces tsunamis peuvent tout à fait se produire en Méditerranée, avec des amplitudes de 1 à 5 mètres en arrivant sur les côtes. La région de Nice a connu des phénomènes similaires dans les années 80 notamment, à cause d'un effondrement sous marin survenu lors des travaux d'agrandissement de l'aéroport Nice – Côte d'Azur : la vague avait généré en arrivant sur le littoral un mini raz de marée destructeur (Savoye et al, 2006).

D'une manière générale, la mesure de la hauteur des vagues, de sa fréquence ou de sa direction, peut être réalisée à l'aide de différentes techniques comme des accéléromètres ou des récepteurs GNSS installés sur des bouées, des capteurs de pression installés sur le fond, par l'altimétrie satellitaire, ou encore grâce à des radars à synthèse d'ouverture.

On peut s'affranchir de la composante dynamique de l'océan due aux vagues, en réalisant des mesures sur une durée suffisamment longue pour que la moyenne calculée annule l'effet des vagues. En effet, la variabilité due aux vagues intervenant sur des périodes de quelques dizaines de secondes, il suffira de réaliser suffisamment de mesures échelonnées sur plusieurs périodes afin d'obtenir une moyenne nulle de la hauteur de la mer due aux vagues.
De ce fait, il conviendra d'être particulièrement vigilant afin de choisir un échantillonnage adapté à l'état de surface de la mer. On convient aisément qu'en l'absence de vagues, par mer d'huile, une seule mesure soit nécessaire. A contrario, par une forte houle, la durée d'observation doit être adaptée afin d'obtenir un échantillon permettant d'annuler la variabilité due

aux vagues. La figure F.17 réalisée à l'aide des équations de propagation des vagues présentées ci-dessus, témoigne de l'impact résiduel des hauteurs de vagues sur le niveau de l'eau en fonction de la durée choisie de la moyenne pour des mesures cadencées à la seconde. Ces courbes ont été tracées pour des vagues d'amplitude 1 mètre, et de périodes s'échelonnant de 10 à 50 secondes, en considérant toujours le cas le plus défavorable, c'est-à-dire lorsque les mesures débutent à un maximum d'amplitude.

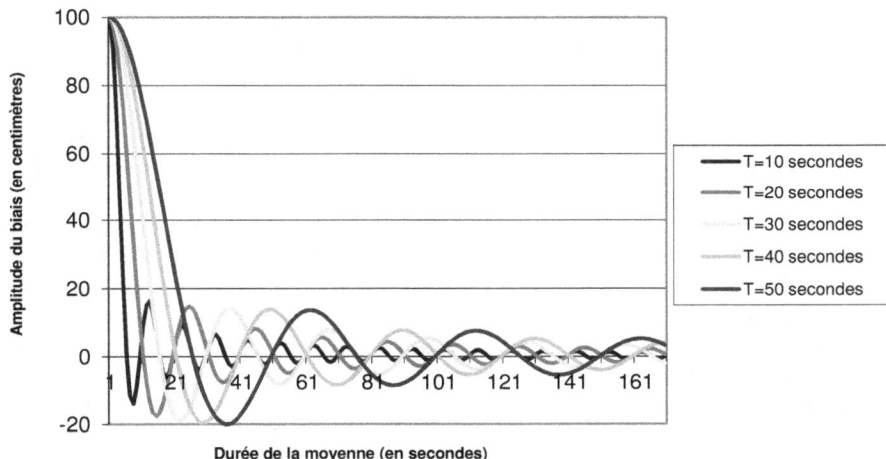

Figure F.17 : Impact résiduel des hauteurs de vagues sur le niveau de l'eau en fonction de la durée de la moyenne calculée sur des mesures réalisées chaque seconde. Les différentes courbes correspondent à des vagues de période T s'échelonnant de 10 à 50 secondes et d'amplitude 1 mètre.

Plus la période des vagues est importante plus il sera nécessaire de réaliser une moyenne sur une longue durée. De même, des vagues de fortes amplitudes augmenteront le biais généré par une moyenne réalisée sur une trop courte durée. On remarquera également que si les mesures sont effectuées en mouvement sur la surface de l'eau, il faudra tenir compte de la vitesse de déplacement ainsi que de sa direction par rapport à la propagation des vagues. Les changements de direction et de vitesse du navire réalisant les mesures auront également un impact qu'il faudra prendre en considération. Le plus simple pour s'affranchir des modifications de hauteur d'eau dues au vagues est donc finalement, en sus du filtrage des données, de veiller dans la mesure du possible à procéder à des campagnes de mesures par mer la plus calme possible.

III.2 – Le calcul du géoïde côtier marin à partir de la mesure de la topographie dynamique

Tous les principaux phénomènes que nous venons d'examiner contribuent à la topographie océanique et s'additionnent donc à la surface idéale d'un océan au repos qui représenterait le géoïde (il est à noter, qu'au niveau de la mer, géoïde et le quasi-géoïde se confondent). Il suffit donc, théoriquement, de retrancher à la valeur mesurée du niveau de l'eau toutes les amplitudes des phénomènes intervenant dans la topographie dynamique pour obtenir la position du géoïde et du quasi-géoïde. Cependant tous ces phénomènes sont difficiles à quantifier simultanément très précisément.

Dans le cas particulier de l'établissement d'un géoïde côtier, il est possible en utilisant les mesures d'un marégraphe proche et ne présentant pas de biais spécifique trop important dû à sa localisation, d'obtenir une valeur du niveau de l'eau regroupant directement plusieurs phénomènes comme l'effet stérique, la variation saisonnière, la pression atmosphérique, etc, en sus du pur effet de marée dû aux forces d'attractions gravitationnelles. Le géoïde (et donc le quasi-géoïde) peut alors être dérivé plus directement en retranchant au niveau mesuré de la surface de l'océan les principaux phénomènes non inclus dans la valeur indiquée par le marégraphe. L'interpolation des hauteurs mesurées en mer, puis corrigées, pourra ensuite fournir un modèle de géoïde côtier précis : les phénomènes qui ne seraient pas corrigés comme par exemple les variations dus aux courants ou fronts, affecteront bien évidemment la précision du modèle. Par ailleurs, il est aisé de procéder au rattachement altimétrique du marégraphe au réseau national altimétrique en vigueur. Les valeurs marégraphiques du niveau de l'eau seraient alors directement rattachées au système altimétrique considéré, et la jonction altimétrique entre les modèles de quasi-géoïde marin et terrestres assurée de fait.

L'expérimentation qui sera présentée au chapitre III, détaillera et illustrera cela à travers la réalisation pratique de détermination d'un modèle de géoïde côtier sur sa composante terrestre mais également marine. Au-delà des corrections et rattachements à effectuer, la mesure même du niveau de la mer est un des éléments fondamentaux dans l'obtention du modèle. Les différentes techniques permettant de mesurer le niveau de la mer sont donc présentées ci-après.

III.3 – La mesure du niveau de la mer

Plusieurs techniques permettent de mesurer la hauteur de la mer. Depuis l'espace, par avion, depuis la terre ou la mer, elles présentent actuellement toutes des limitations d'ordres divers, mais elles peuvent être considérées comme complémentaires dans la recherche des différents aspects qui constituent le géoïde marin ou bien la dynamique des océans.

III.3.1 - Altimétrie Satellitaire

Depuis une trentaine d'années, le lancement de satellites comportant des altimètres radar destinés à l'étude océanographique a permis de mesurer de manière précise le niveau moyen des mers à l'échelle globale.

III.3.1.1 – Historique

Le premier satellite lancé comportant un altimètre était Apollo 14 et son utilisation a concerné l'exploration de la lune (Kaula et al, 1974). Il s'agissait alors d'un altimètre laser.

C'est en 1975 qu'est apparu le premier altimètre radar réellement utilisable à des fins océanographiques (Stanley, 1979) sur le satellite GEOS-3 (Geodynamics Experiment Ocean Satellite 3). Sa précision de mesure était de 50 centimètres environ, mais ses faibles capacités de stockage de données ne permettaient de réaliser qu'une couverture limitée aux abords des stations au sol.

Le satellite SEASAT a été lancé en 1978 avec à son bord un altimètre ayant une précision de 10 centimètres (Bernstein et al, 1982). Il s'agissait du premier altimètre pouvant fournir une information sur la variabilité de la topographie océanique à une échelle globale (Cheney et al, 1983). Malheureusement, sa durée de vie n'a été que de trois mois.

De septembre 1986 à mai 1989, le satellite GEOSAT, lancé par l'US Navy, a fourni des données exploitables avec une précision de 5 à 8 centimètres. Il souffrait cependant encore d'une trop faible précision orbitale de l'ordre du mètre qui pénalisait les résultats obtenus (Chelton et al, 2001).

Mais c'est avec les satellites ERS1 lancé en 1991 puis TOPEX / POSEIDON lancé en 1992 conjointement par la NASA et le CNES, que l'on accède à une précision totale de 5cm environ, encore inégalée jusque là (Fu et al, 1994).

Vint ensuite ERS-2 en 1995 qui disposait d'un altimètre de précision 3 centimètres et pour lesquel une meilleure précision orbitale, de l'ordre de 6 à 8 centimètres (Scharro and Visser, 1998), était obtenue.

Enfin les satellites JASON-1, ENVISAT, et JASON-2 ont été lancés respectivement en décembre 2001, mars 2002, et Juin 2008, par la NASA et l'ESA et permettent d'atteindre des précisions de 2 à 3 centimètres.

De nouveaux satellites altimétriques sont en cours d'élaboration (exemple : JASON CS) ou viennent plus récemment d'être lancés comme SARAL / Altika mis sur orbite le 25 février 2013. Issu d'une collaboration entre la France et l'Inde dans le domaine de la surveillance de l'environnement, Altika vise entre autre des précisions et résolutions accrues et devrait permettre des exploitations en zone côtière.

La figure F.18 ci-après présente la topographie océanique globale moyenne entre 1992 et 2002, compilée à partir d'observation satellites TOPEX / POSEIDON, de bouées dérivantes, de mesures de vent, et du modèle gravimétrique GRACE. (Maximenko, N.A., and P.P. Niiler, 2005)

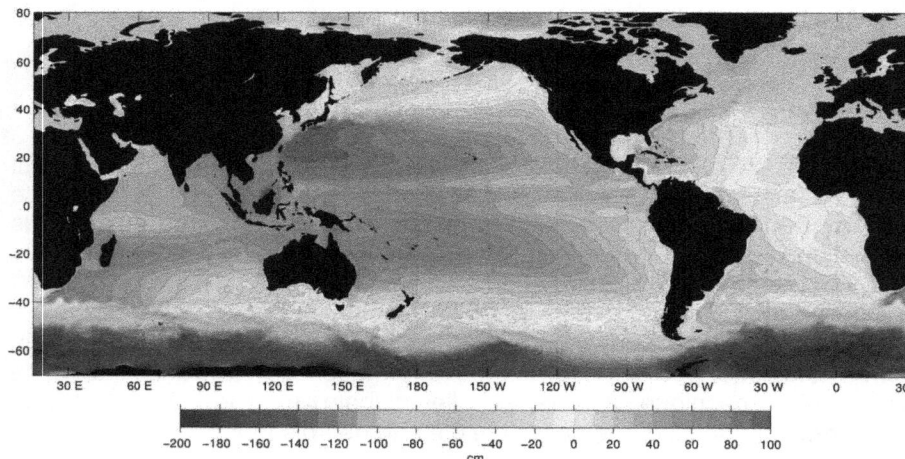

Figure F.18 : Surface topographique océanique globale moyennée sur la période 1992 – 2002 et réalisée à partir d'altimétrie satellitaire, de bouées dérivantes, de mesures de vent et du modèle gravimétrique GRACE. (*Source : Maximenko, N.A., and P.P. Niiler, 2005*)

III.3.1.2 – Principe de fonctionnement

Le principe de fonctionnement de l'altimétrie spatiale est la mesure de la distance entre le satellite et la surface de l'océan.

Connaissant la position du satellite au-dessus d'un ellipsoïde de référence, la position du niveau de la mer sous le satellite se trouve donc déterminée relativement à cet ellipsoïde de référence.

On extrait ensuite la topographie dynamique en soustrayant la hauteur du géoïde à cet endroit, le géoïde devant également être connu par rapport à ce même ellipsoïde.

La figure F.19 présentée ci-après illustre schématiquement le principe de l'altimétrie par satellite (*http://www.jason.oceanobs.com/html/alti/principe_fr.html*) dont le but ici n'est pas d'en fournir une explication complète.

Pour de plus amples détails sur le fonctionnement de cette technique de mesure, on pourra se référer à la très nombreuse littérature existante sur ce sujet (exemple : Fu and Cazenave, 2001)

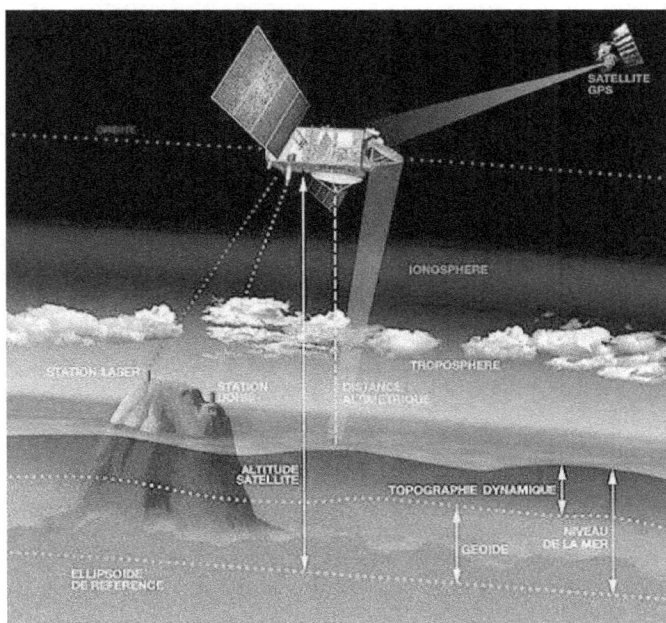

Figure F.19 : Représentation du principe de fonctionnement de l'altimétrie par satellite (source : *http://www.jason.oceanobs.com/html/alti/principe_fr.html*)

III.3.1.3 – Limitations de l'altimétrie satellitaire en zone côtière

Malheureusement, les mesures réalisées par l'altimétrie radar satellitaire sont actuellement peu exploitables en zone côtière pour les raisons suivantes :

- Tout d'abord, la surface de l'océan présente une rétro-diffusion dans la bande des hyperfréquences utilisée, très différente de celle d'une surface continentale.

Ainsi, le passage d'un milieu à l'autre va entraîner des variations d'intensité du signal reçu qui vont engendrer des pertes ou des saturations du signal. Un calibrage des paramètres d'acquisition de l'instrument sera donc nécessaire afin qu'il s'adapte au nouveau contexte qu'il rencontre. Cette opération est réalisée automatiquement à bord du satellite mais va nécessiter un certain temps (quelques secondes) qui va rendre inutilisable les mesures réalisées à proximité des côtes, jusqu'à une distance pouvant aller à une vingtaine de kilomètres (Sandwell et al, 2001).

- En sus de ce problème de décrochage de l'altimètre, les formes des signaux reçus en zone côtière vont résulter d'un mélange de signaux provenant de rétro diffusion marine et terrestre. Actuellement, ces formes ne savent pas être interprétées par les algorithmes de traitement des instruments.

- Enfin, si l'on s'en tenait aux limites de résolution spatiale des instruments, on ne pourrait de toutes les façons actuellement pas s'approcher à moins de 2,5 km des côtes dans le cas de TOPEX / POSEIDON, de 2 km dans le cas de JASON-1 et de 1,7 km dans le cas d'ENVISAT (et sous des conditions de hauteurs de vagues nulles). Or ces zones peuvent faire l'objet de phénomènes océaniques très spécifiques qui peuvent être dus aux fortes variations de relief sous marin (topographie sous marine), aux embouchures de fleuves ou rivières, aux remontées d'eaux profondes (upwelling), aux variations plus importantes de températures eu égard aux faibles profondeurs, ou encore aux émissaires sous marins de rejets d'eaux usées ou pluviales.

III.3.2 – Mesure du niveau de l'eau par techniques GNSS

C'est dans le contexte d'études côtières que l'exploitation du système GNSS pour la mesure du niveau de la mer s'avère particulièrement utile : en effet, peu de mesures fiables sont réalisées dans ces zones, hormis celles fournies par les marégraphes.

L'utilisation du système GNSS pour la mesure du niveau de la mer peut se faire de deux manières différentes :

- soit en positionnant directement une antenne GNSS au dessus de la surface dont on veut mesurer la hauteur, ici en l'occurrence la mer.
- Soit en utilisant le fait que la surface de l'océan présente une réflectivité importante aux ondes émises par les satellites GNSS, et en positionnant une antenne orientée vers le bas qui va recevoir les signaux réfléchis par l'eau.

III.3.2.1 – Mesures directe du niveau de la mer à sa surface par GNSS

Dès lors que des masques ou un environnement électromagnétique trop défavorable n'empêchent pas un récepteur GNSS de réceptionner correctement les signaux de suffisamment de satellites, celui-ci sera capable de fournir une mesure directe de hauteur ellipsoïdale. Le milieu marin présente de ce point de vue des conditions particulièrement favorables, et l'on pourra obtenir directement la hauteur ellipsoïdale du niveau de la mer si l'antenne réceptrice se trouve positionnée à sa surface.
La précision de la mesure sera principalement fonction de l'instrumentation utilisée pour positionner et calibrer l'antenne réceptrice par rapport à la surface de l'océan, des conditions d'observation, de traitement, du type de matériel, etc...,

Au-delà même de l'étude directe des phénomènes océaniques ou de la détermination du géoïde, les mesures de hauteur de mer peuvent également être utilisées pour aider à la calibration des altimètres radar (Bonnefond et al, 2003) ou pour confronter les précisions respectives des deux techniques de mesure.

La mesure du niveau de l'eau à sa surface, par GNSS peut être réalisée selon différentes méthodes. De nombreuses campagnes de mesures ont été réalisées à travers le monde en utilisant des bouées positionnées à la surface de la mer et équipée d'une antenne réceptrice GNSS.

On peut citer à titre d'exemples les mesures faites par l'Institut des Sciences de Mer de Barcelone dans le cadre de l'expérimentation GRAC (GPS Radar Altimeter Calibration) dont la figure F.20 présente une illustration de l'équipement utilisé (GRAC II, 2002)

Figure F.20 : Représentation de bouées légères utilisées dans la mesure du niveau de l'eau par GNSS
(source ISM Barcelone, http://www.icm.csic.es/geo/gof/projects/grac/).

Un autre type de bouée, plus imposante et destinée à rester en place durant de longues périodes est illustré ci-dessous en figure F.21.

Figure F.21 : Représentation de bouées lourdes utilisées dans la mesure du niveau de l'eau par GPS
(source NOAA, http://www.ngs.noaa.gov/initiatives/HeightMod/buoy/sfbaybuoy.htm).

Elles sont utilisées par exemple pour déterminer les hauteurs de vagues de la mer à des fins météorologiques ou d'information sur la navigation maritime : ici, cela concerne les conditions d'accès au port situé dans la baie de San Francisco aux Etats-Unis

L'avantage de ce type de mesures par bouées est la précision qu'elles procurent : en effet, l'étalonnage de la hauteur de l'antenne réceptrice au dessus de l'eau peut être réalisé avec une grande précision. La bouée demeurant immobile suivra donc le mouvement de l'eau sans autre perturbation que son inertie et pourra donc procurer une information fiable sur le niveau de l'eau.
L'inconvénient principal de l'utilisation des bouées comme support des antennes GPS est que les mesure sont réalisées à un endroit ponctuel et ne permettent pas d'obtenir une cartographie du niveau de l'eau sur une zone étendue. Aussi d'autres techniques ont été mises au point comme l'installation d'antennes GPS sur un catamaran léger, tracté lentement par un bateau.

La figure F.22 illustre ce type d'expérimentation réalisée avec succès, pour laquelle une précision de l'ordre de 2 cm (Bonnefond et al, 2003) a été obtenue alors même que la surface couverte a atteint plus de 20 kilomètres de long sur 5,4 kilomètres de large.

Figure F.22 : Utilisation de catamaran comme support d'antenne dans la mesure du niveau de l'eau par GPS (Bonnefond et al, 2003)

Le catamaran est en effet un moyen très pratique car facile à mettre en œuvre et assurant une grande stabilité en roulis et tangage par des conditions de mer calme. S'il reste tracté à faible vitesse (de l'ordre de 3 nœuds) son attitude ne sera pas trop modifiée et il permettra d'obtenir des mesures fiables. Par contre sa vitesse reste limitée, ce qui handicapera la couverture rapide d'une zone géographique importante.

L'exploitation de navires comme support d'antenne GNSS serait de ce point de vue beaucoup plus efficace et pratique. Cela permettrait d'atteindre des vitesses de déplacement plus importantes et de réduire l'équipement utile, puisqu'il ne serait plus nécessaire de tracter un catamaran ou bien de mettre à l'eau des bouées. Cependant son utilisation est relativement rare dans des opérations de mesure de précision par GNSS, car les bateaux présentent généralement une faible stabilité. Ils sont effectivement soumis à des roulis et tangages importants et ont surtout la fâcheuse caractéristique de déjauger au-delà d'une certaine vitesse. Tous ces paramètres modifient grandement la position déterminée préalablement de l'antenne GNSS au dessus du niveau de l'eau, et altèrent donc la précision finale des résultats obtenus. De nombreuses études (Zilkowsky et al, 1997, Clarke et al, 2005, etc...), ont été menées en calibrant avec précision l'attitude d'un bateau en fonction de différents paramètres (vitesse, virage, conditions de mer, charge du bateau, etc...) ce qui permet de connaître précisément la position de l'antenne GNSS au dessus de l'eau. Ces calibrations s'avèrent particulièrement longues, complexe, coûteuses, et ne permettent pas toujours d'obtenir une précision de l'ordre du centimètre.

Aussi, l'idée novatrice de mesurer en temps réel, simultanément aux mesures GNSS, la position de l'antenne au dessus du niveau de la mer s'avère particulièrement intéressante : cela permettrait de s'affranchir d'une calibration de l'attitude du bateau, de tenter d'obtenir une précision centimétrique, et donc de simplifier la campagne d'observation en rendant l'utilisation directe et simple d'un bateau possible. C'est cette expérience inédite qui sera mise en œuvre sur la zone d'expérimentation de détermination d'un modèle de géoïde côtier.

III.3.2.2 – Mesure du niveau de l'eau à partir de réflexions GNSS

Depuis plusieurs années quelques applications tentent d'utiliser les signaux GNSS réfléchis par l'océan pour mesurer par exemple son état de surface (Garrison et al, 1998) ou déterminer les caractéristiques du vent à sa surface (Lin et al, 1999).

Un récepteur GNSS recevant les signaux réfléchis peut être embarqué sur un avion, sur un satellite, ou même positionné à terre. En considérant que de nombreux satellites GNSS émettent des signaux, leurs réflexions sur la surface de la mer peuvent atteindre un récepteur simultanément.

La figure F.23 (Zuffada, 2001) illustre les formes d'un signal GPS reçu directement par un récepteur embarqué sur un avion, et du même signal reçu après réflexion sur la surface de l'eau. On pourra noter une amplitude plus faible du signal réfléchi, une forme qui va dépendre de l'état de surface, et le délai entre les deux signaux caractérise l'écart de longueur des deux trajets.

Par analogie à l'altimétrie traditionnelle, les signaux réfléchis peuvent être analysés afin d'en extraire les caractéristiques de la surface de l'océan comme sa hauteur par exemple.

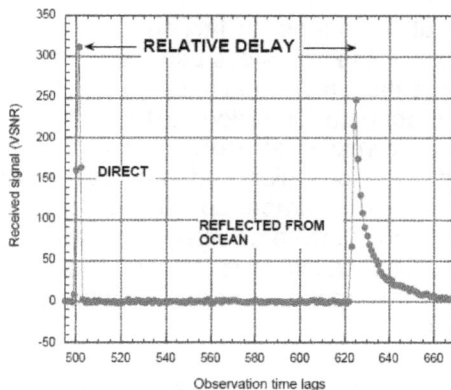

Figure F.23 : Signaux GPS directs et après réflexion sur la surface de l'océan, reçus par un récepteur embarqué sur un avion (Zuffada, 2001)

60

La Figure F.24 (Chelton, 2001) présente le principe de fonctionnement de la mesure du niveau de l'eau à partir de réflexions GPS bi-statiques.

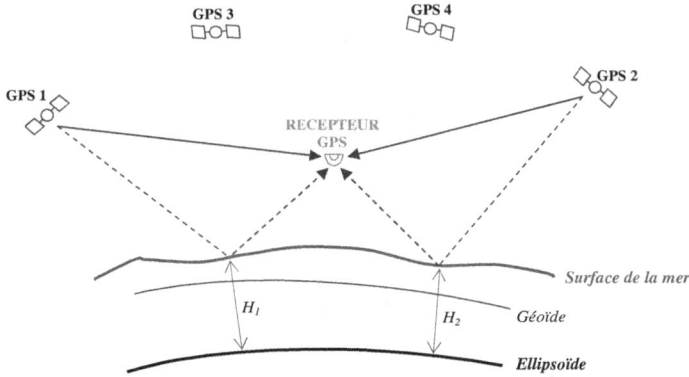

Figure F.24 : Représentation du principe de fonctionnement de mesure GPS bi-statique par réflexion sur la surface de l'océan (Chelton, 2001)

Afin de déterminer la hauteur de la surface de l'océan en zone côtière, des récepteurs GNSS pourraient être installés le long des côtes tous les 20 kilomètres environ à une altitude de 200 mètres par exemple. Avec cette géométrie, les satellites GNSS ayant une faible élévation pourraient être captés et fournir une couverture dense sur une période d'un ou plusieurs jours (Zuffada, 2001).

Ce concept a été testé au lac Krater (Treuhft et al, 2001) et a fourni des résultats très encourageants : une précision de 2 cm a été obtenue sur la détermination de la hauteur de l'eau.

III.3.2.3 – Les atouts de la mesure du niveau de l'eau à sa surface, par GNSS

L'utilisation du système GNSS dans la mesure du niveau de la mer en zone côtière va présenter plusieurs avantages, notamment par rapport à l'altimétrie satellitaire, qui vont le rendre plus adapté, voire incontournable dans certains cas de figures :

- Résolution spatiale : les mesures par GPS peuvent être réalisées très précisément à l'endroit ponctuel souhaité, disons à quelques mètres près dans le cas du milieu marin. De plus, outre la possibilité du choix précis de la localisation de la mesure, la résolution spatiale des observations par GNSS pourra en cas de maillage être théoriquement très grande. En pratique elle sera limitée par la mise en œuvre : nombre de récepteurs, mesures spatialement statiques (bouées) ou cinématiques (bateau).

- Résolution temporelle : du point de vue de l'utilisateur, le système GNSS est opérationnel 24h / 24h et il n'est pas nécessaire d'attendre plusieurs jours comme dans le cas de l'altimétrie par satellite (à titre d'exemple, environ 10 jours dans les cas de TOPEX / POSEIDON et de JASON-1) pour obtenir une mesure (Ponte, 2002). Des phénomènes à forte variabilité temporelle devraient donc pouvoir être observés et mis en évidence plus aisément.

III.3.2.4 – Les limitations de la mesure du niveau de l'eau à sa surface, par GNSS

Il est nécessaire de préciser que ce mode d'observation présente cependant de fortes limitations. L'inconvénient majeur est l'étendue réduite de la couverture réalisable, qui ne pourra être que locale : elle sera dans la pratique d'autant plus limitée que l'on souhaitera une forte densité de mesures.

Etant donné que l'antenne positionnée à la surface de l'eau est en déplacement permanent, les observations et les traitements se font en mode cinématique. Or dans ce mode, l'éloignement du mobile par rapport à sa base est un facteur particulièrement sensible quant à la précision des résultats finaux. Ainsi, à moins de disposer de modélisations très fiables de la troposphère il parait très difficile aujourd'hui, de calculer en mode cinématique avec une précision centimétrique un positionnement tridimensionnel par GNSS dès que l'on s'éloigne des côtes (donc de la base) de plus d'une centaine de kilomètres. Le système de mesure directe du niveau de l'eau à sa surface par GNSS semble donc difficilement exploitable au large des côtes.

La difficulté et la lourdeur de mise en œuvre sont également à signaler, et sont dus à une instrumentation délicate ainsi qu'aux moyens matériels et de navigation à mobiliser.

III.3.3 – Mesures par des marégraphes

Les marégraphes sont des appareillages que l'on installe dans des emplacements précisément identifiés et qui permettent d'enregistrer le niveau de la mer au cours du temps.

Il existe différents types de marégraphes selon la technologie mise en jeu.
On peut citer les échelles et marégraphes à flotteur, les marégraphes numériques fonctionnant par un principe d'émission – réception d'ondes acoustiques, radar (illustration figure F.25 ci-dessous) ou laser, ou encore les marégraphes à pression.

Figure F.25 : Marégraphe radar Krohne BM100A avec son puits de tranquillisation.
(*Source : SHOM 2011*)

CHAPITRE III

EXPERIMENTATION PRATIQUE

DETERMINATION D'UN QUASI-GEOÏDE CÔTIER PAR DES TECHNIQUES DE POSITIONNEMENT SPATIAL, NIVELLEMENT DIRECT, ET TELEMETRIE PAR ULTRASON

Les travaux expérimentaux présentés ici de détermination d'un modèle de quasi-géoïde côtier ont bénéficié d'un contexte particulièrement favorable tant en ce qui concerne les caractéristiques du géoïde sur la zone d'étude, que la disponibilité de données utiles existantes ou l'accessibilité à des infrastructures de mesure.

I. PRESENTATION DE LA ZONE ET DU CONTEXTE D'EXPERIMENTATION

I.1 – Localisation de la zone d'étude

La région maritime niçoise, siège de l'étude est située dans le sud est de la France, entre Monaco et Cannes. Le géoïde y est particulièrement tourmenté, car cette zone se situe au pied d'un massif alpin. La figure F.26 ci-dessous présente le quasi-géoïde sur la France et localise la zone d'expérimentation.

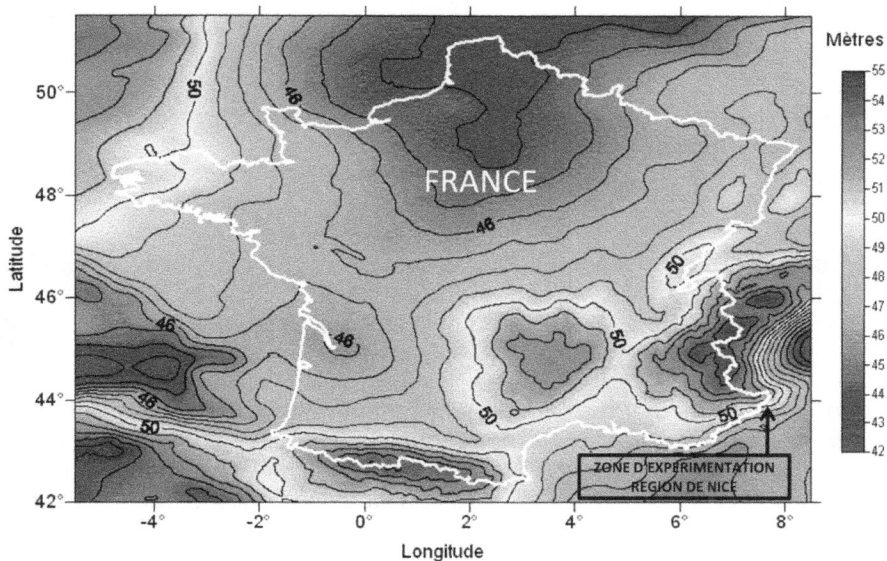

Figure F.26 : Aperçu du géoïde en France et de ses fortes variations en région niçoise, objet de l'expérimentation de détermination d'un modèle de quasi-géoïde côtier (*données source : RAF98, Duquenne, 1998*)

Par ailleurs, la dynamique de la mer méditerranée en zone côtière est peu connue à proximité des côtes niçoises dont la topographie sous marine est très prononcée puisqu'elle peut atteindre plusieurs centaines de mètres de profondeur dès lors que l'on s'éloigne de quelques centaines de mètres du rivage. On y relève également la présence d'un fleuve, le Var, d'une rade profonde (la rade de Villefranche sur Mer), et d'un important émissaire de rejet des eaux usées provenant de la station de traitement de la Ville de Nice. Plus au large, le courant Ligure y est présent régulièrement.

Il s'agit d'autant de facteurs qui pourraient révéler des signatures intéressantes sur la topographie dynamique.

I.2 – Contexte local

La Métropole Nice Côte d'Azur dispose dans la zone même d'étude, d'une station permanente GNSS dénommée NICA intégrée au réseau RGP de l'IGN. Cette station permanente diffuse des mesures de phases au format RTCM permettant d'exploiter un récepteur GNSS en mode temps réel de précision centimétrique (RTK).

Outre la station permanente NICA, cinq autres stations permanentes GNSS appartenant à divers organismes (CNES, CNRS, Ville de Cannes, IGN, TERIA) sont situées à moins de 25 km de la zone d'étude.

De nombreuses données géodésiques de qualité (nivellement, et positionnement géocentrique) ont été acquises depuis plusieurs années par la Ville de Nice (Andrès, 2002, 2003, 2006) et ont été exploitées pour cette étude.

Plusieurs mailles de nivellement du réseau altimétrique français NGF-IGN69, de premier, deuxième et troisième ordre de l'Institut Géographique National traversent la commune de Nice et fournissent des informations précises de référence altimétrique.

Le laboratoire Océanographique de Villefranche sur Mer est l'une des plus importantes stations marines en France et met en œuvre la station d'observation Dyfamed située à une trentaine de kilomètres du littoral niçois qui effectue de très nombreuses mesures dont certaines utilisées dans le cadre des présents travaux.

Le port de la Ville de Nice est équipé d'un marégraphe moderne appartenant au Service Hydrologique et Océanographique de la Marine Française (SHOM) dont les mesures sont intégrées au Réseau d'Observation du Niveau de la Mer (RONIM) et accessibles via le Système d'Observation des Eaux du Littoral (SONEL).

Toutes ces conditions font que la zone d'étude choisie se situe centrée sur le territoire de la commune de Nice en ce qui concerne la partie terrestre, et à proximité de ses côtes en ce qui concerne sa partie océanique.

II. DETERMINATION DE LA COMPOSANTE TERRESTRE DU QUASI-GEOÏDE CÔTIER

Dans le cadre de notre étude, nous allons tout d'abord établir un modèle de quasi-géoïde terrestre de précision centimétrique en interpolant des anomalies d'altitudes, tel que présenté au chapitre II, §II.

Afin que le modèle atteigne une précision centimétrique, les méthodologies de mesure des hauteurs ellipsoïdales et de l'altitude, la distribution spatiale des points à mesurer, et les techniques d'interpolation utilisées seront des clefs de la réussite.

II.1 – Le réseau de points constitutifs du quasigeoide

Tous les points qui vont constituer l'ossature du quasi-géoïde terrestre sont choisis en tenant compte de contraintes particulières :

- Ils ne doivent pas être trop espacés afin que la précision de l'interpolation qui sera réalisée soit en accord avec la variation du géoïde. A cet effet, l'examen du quasigéoïde QGF98 (Duquenne, 1998) permet de constater que sur la région niçoise on peut atteindre des pentes de l'ordre de la dizaine de centimètres par kilomètre. Dans ces conditions, il est nécessaire d'effectuer des mesures tous les kilomètres environ afin conserver une précision de quelques centimètres.
- Le géoïde côtier que l'on cherche à élaborer est à cheval entre la partie terrestre et marine. Afin de faciliter l'assemblage des deux composantes, il est utile de disposer à terre, de points le long de la côte, le plus près possible de la mer.
- La région niçoise se distingue par un relief particulièrement prononcé sur ses zones collinaires qui peuvent présenter un couvert végétatif important. D'autre part, un fort développement de l'habitat, a affecté depuis plus d'un demi siècle ce territoire et ses zones urbaines ont plus que quintuplé. Cette urbanisation s'est souvent réalisée à travers des édifices plusieurs étages, limités cependant à 6 ou 7 niveaux en moyenne. Végétation, fonds de vallons, orientation des collines à relief prononcé, urbanisation importante, sont autant de difficultés concernant les masques d'observations et les réflexions multiples dont il faut tenir compte dans le choix de chacun des sites.
- La stabilité de chaque site est un élément important à considérer. Cette stabilité est à considérer aussi bien du point de vue des mouvements de terrains éventuels, que de la durabilité dans le temps du site. Ainsi il convient d'éviter tout terrain faisant l'objet d'un aménagement récent ou d'un aménagement à venir (construction, élargissement de voie, réfection de canalisation ou de chaussée, etc...). Le déport de chaque point principal en deux points auxiliaires doit être réalisé afin de pouvoir faire face à toute destruction de point.
- Chacun des points de l'ossature du modèle de quasi-géoïde doit être nivelé afin d'obtenir l'altitude en sus de la hauteur ellipsoïdale mesurée par GNSS. Ces points doivent donc se situer à une distance modérée du réseau de référence altimétrique auquel ils seront rattachés : la faisabilité du nivellement de précision dans de bonnes conditions étant une contrainte additionnelle à la notion d'éloignement au réseau.
- La densité du réseau de points à observer – et donc le nombre de points - aura un impact important sur la préparation de la campagne d'observation ainsi que sur la masse d'observations à réaliser. Etant donné qu'au moins deux sessions d'observations par GNSS doivent

être effectuées, il a été décidé de ne pas dépasser un maximum d'une trentaine à quarantaine de points.

Afin de déterminer au mieux la position des points à observer en tenant compte des considérations précédentes, un maillage théorique de 1,5 km a été appliqué sur le territoire de la commune de Nice et a conduit au choix d'une quarantaine de points (figure F.27). Cela a conduit à définir de nouvelles mailles de nivellement et à ré-observer d'anciens tronçons (figure F.28).

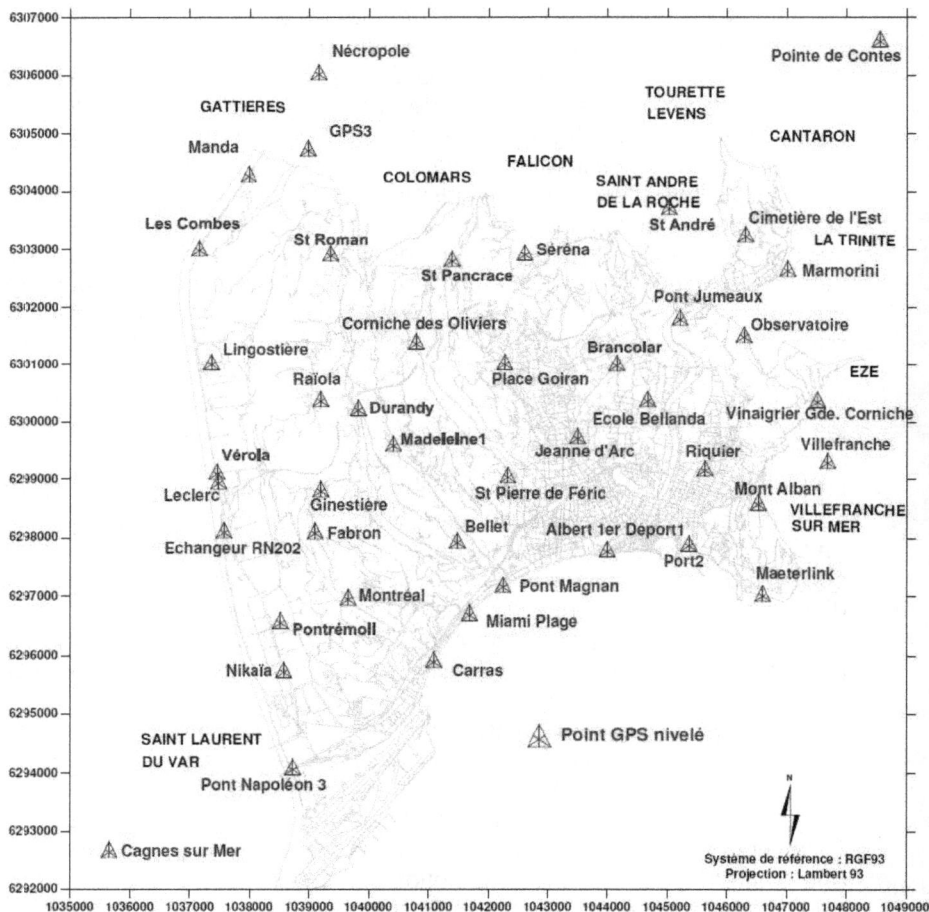

Figure F.27 : Positionnement de la quarantaine de points à observer par GNSS et nivellement direct, formant la composante terrestre du quasi géoïde

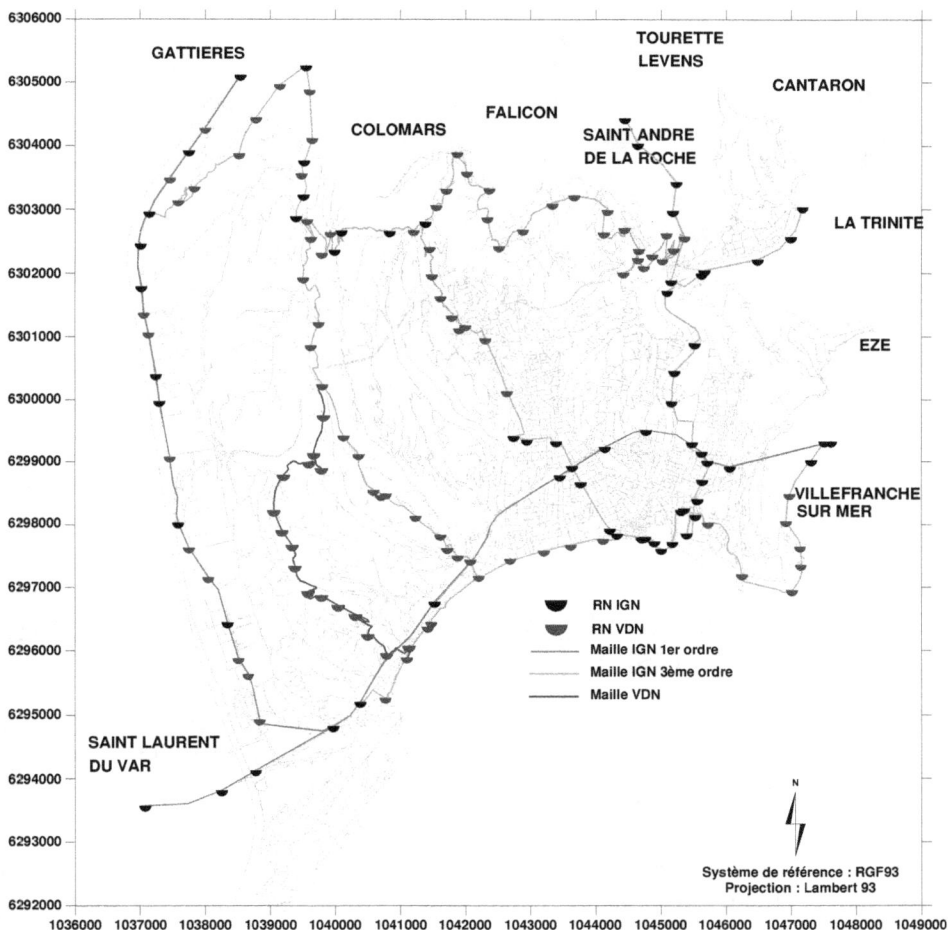

Figure F.28 : Représentation de l'ossature de nivellement : il s'agit des mailles de nivellement IGN69 à observer, et de la nouvelle maille Ville de Nice (VdN) créée (cette figure comporte de nombreux repères de nivellement (RN) rajoutés dans les mailles IGN69). En fond de plan grisé : la ville de Nice.

Les points géodésiques établis sont constitués de stations (clous) plantés dans le sol alors que les repères servant au nivellement sont fixés horizontalement, généralement dans des murs de soutènement ou des façades de bâtiments (figure F.29).

Figure F.29 : Photographies d'un repère de nivellement « Ville de Nice » scellé dans un mur de soutènement (à gauche) et d'une station topographique « Ville de Nice » plantée dans la chaussée (à droite).

II.2 – Mesure et calcul des altitudes des points d'ossature du quasi-géoïde terrestre côtier

La détermination des altitudes de la quarantaine de points géodésiques sur la partie terrestre de la zone d'expérimentation s'est effectuée par des observations de nivellement direct par rapport au système de référence altimétrique NGF IGN69.

Le matériel de mesure utilisé était un niveau de haute précision. Il diffère d'un niveau ordinaire principalement par une meilleure précision de calage de l'axe principal (de l'ordre de 0,2 "), par un écart type plus faible (inférieure à 1 mm pour 1 km de cheminement avec des mires invar) et par un grossissement plus important de la lunette. De plus, le niveau choisi étant un niveau numérique à lecture sur mire à code barre, cela offre quelques avantages supplémentaires :

- élimination de fautes de lectures dues par exemple à la fatigue visuelle
- fiabilité accrue et indépendance vis à vis de l'opérateur
- élimination d'erreurs de retranscription sur le carnet de nivellement
- calcul numérique facilité lors du retour au bureau
- rapidité de cheminement augmentée par la tolérance d'une mise au point et d'un calage imparfaits et par l'enregistrement automatique de la lecture.

70

En plus des performances du niveau choisi, la haute précision ne peut être atteinte qu'en utilisant des mires invar (mire comportant un ruban de métal Invar dont le coefficient de dilatation est inférieur à $1,5.10^{-6}$ / °C) et un mode opératoire adéquat :

- cheminement par double station : le principe est illustré par la figure F.30 ci-dessous. Cela consiste à réaliser un double cheminement (sans avoir à effectuer un aller retour) en n'utilisant qu'un seul cheminement de point et en multipliant par deux le nombre de mises en station. Cela permet d'effectuer un contrôle et une estimation de l'imprécision puisque l'on détermine deux fois la dénivelée entre deux points intermédiaires. Cette méthode est bien adaptée à un niveau automatique puisque le temps de mise en station est réduit, notamment par le rôle du compensateur, et puisqu'elle simplifie le déplacement des porte-mires (contrairement à la méthode de Cholesky).

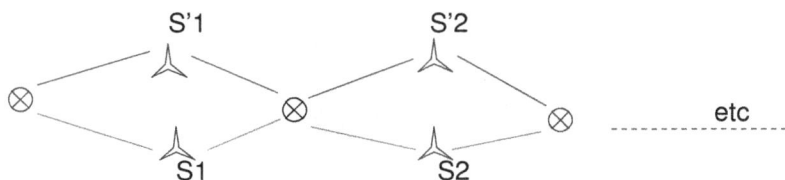

Figure F.30 : Principe d'un cheminement par double station

- limitation et égalité des portées : les visées sont limitées à une distance maximale d'une trentaine de mètres et les portées égalisées afin de minimiser les phénomènes de réfraction atmosphérique (erreurs de niveau apparent) et d'éliminer l'erreur due à l'éventuel déréglage du compensateur. Interdiction est faite de procéder à des mesures trop basses et trop hautes sur la mire pour réduire l'erreur de niveau apparent.
- l'utilisation des deux mires permet d'éliminer toute erreur éventuelle systématique des mires, la mire arrière devant devenir mire avant lors de la mesure de la dénivelée suivante.
- utilisation de crapauds pour obtenir des points d'appui stables et s'affranchir des déplacements de la mire lors de son retournement. Les crapauds doivent être stabilisés par l'opérateur avant d'y apposer la mire.
- tenue et positionnement de la mire : elle doit être placée avec délicatesse sur le crapaud afin de ne pas provoquer son enfoncement, tenue de manière parfaitement verticale, et stabilisée par des contrefiches lors de la lecture.
- les travaux matinaux sont privilégiés, lorsque le sol n'est pas encore trop réchauffé par le soleil.

La campagne d'observation s'est déroulée entre 2002 et 2004. Au total environ 200 repères de nivellement ont été observés dont plus de 150 ont été calculés directement par le Service de Géodésie et de Nivellement de l'Institut Géographique National à partir des mesures fournie. On précisera que les tronçons empruntant les collines niçoises ont imposé des portées de très courtes distances (une dizaine de mètres, parfois moins) eu égard aux fortes dénivelées rencontrées Le matériel utilisé (figure F.31) conformément au mode opératoire présenté précédemment était constitué :

- d'un niveau numérique de haute précision à lecture à code barre ZEISS DINI 12T
- de deux mires invar à code barre de 3 mètres de longueur de marque ZEISS, modèle LD13, munies chacune de deux nivelles de précision
- de contrefiches pour assurer la stabilité des mires lors des observations
- de deux crapauds

Figure F.31 : Matériel topographique utilisé lors des opérations de nivellement (sur la photographie,et ici porte mire: M. Guy Demirdjian)

La figure F.32 présente une illustration des opérations de nivellements

Figure F.32 : Nivellement de précision sur la route de Bellet
(*sur la photographie : opérateur M.Bernard Laugier, porte mire M. Marc Sulis*)

La figure F.33 ci-après présente le schéma des cheminements effectués ainsi que tous les points de jonction de l'ossature de nivellement :

- Pour chaque tronçon de cheminement on y trouve la longueur ainsi que la dénivelée correspondante.
- Pour chaque maille formée, la fermeture brute a été calculée : on pourra remarquer qu'elles présentent toutes de très bons résultats puisque la fermeture la plus importante d'une maille est de 14,7 mm pour 23,4 km et la fermeture moyenne ramenée au kilomètre de cheminement est de 0,4 mm/km. A noter la surprenante fermeture de la plus grande maille ceinturant la commune (II'M – II'342bis – IEM3-525 – IEM3-386 – IEM3-411a – IM13 – Mai3k3-0b – Ma3k-10 – Mak3-42) qui est de 2,28 mm pour une longueur de 45,4 km.

Au total, environ 115 kilomètres de cheminement ont été nécessaires pour former cette ossature, ce qui représente plus de 5000 portées moyennes de 23 mètres et environ 200 heures de travail d'une brigade topographique constituée de trois personnes. A ces travaux, il convient de rajouter tous les petits cheminements qu'il a été nécessaire de réaliser à partir de cette ossature de nivellement afin de niveler avec précision chacun des 40 points (présentés plus haut en figure F.27) constitutifs du quasi-géoïde.

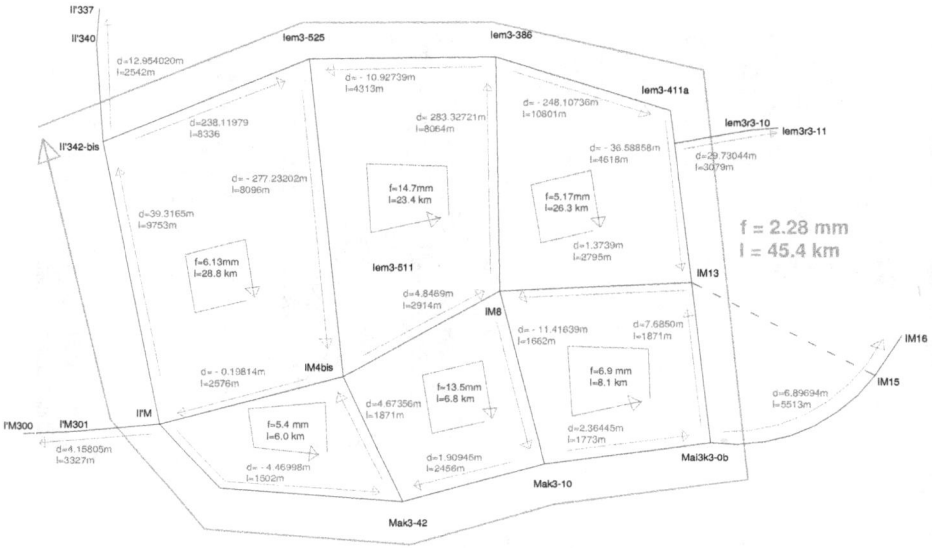

Figure F.33 : Schéma des cheminements de nivellement avec longueurs (l), dénivelée (d) des tronçons et fermetures (f) des mailles formées.

Toutes les mesures brutes de dénivelées ont été transmises au Service de Géodésie et de Nivellement de l'IGN pour calcul et intégration dans le réseau NGF-IGN69.

Cela a notamment permis de
- créer de nouvelles mailles IGN69 qui ont densifié le réseau de nivellement existant sur la commune de Nice et ses abords,
- rajouter des nouveaux repères sur les mailles existantes en replacement des repères détruits, ou à titre de densification
- corriger les altitudes erronées des repères suite à des mouvements de terrain ou à des déplacements de repères effectués par des personnes généralement à l'occasion de travaux.
- valider et pérenniser ces importants travaux de nivellement et les rendre accessibles aux professionnels via l'Institut Géographique National.

II.3 – Mesure et calcul des hauteurs ellipsoïdales et des positions des points d'ossature du quasi-géoïde terrestre côtier

La détermination des positions des points s'est effectuée par des techniques de positionnement spatial GPS en mode différentiel, observations statiques, puis post-traitement.

II. 3.1 – Point de base – Station permanente GNSS NICA intégrée au RGP

La station permanente GNSS NICA de la Métropole Nice Côte d'Azur a été utilisée comme pivot car elle se situe approximativement au barycentre de la zone d'étude et permet l'accès direct et fiable au RGF93 (et donc à l'EUREF et l'ITRF), puisque l'elle fait partie du Réseau GNSS Permanent fédéré et géré par l'IGN. Cette station se situe à une altitude de 256m qui est intermédiaire sur l'étendue de la zone d'étude (altitude minimale d'environ 0 mètres et maximale de 860 mètres environ au Mont Chauve). La figure F.34 ci-dessous présente diverses illustrations relatives à l'antenne, à l'installation technique de NICA, ainsi qu'à sa localisation géographique.

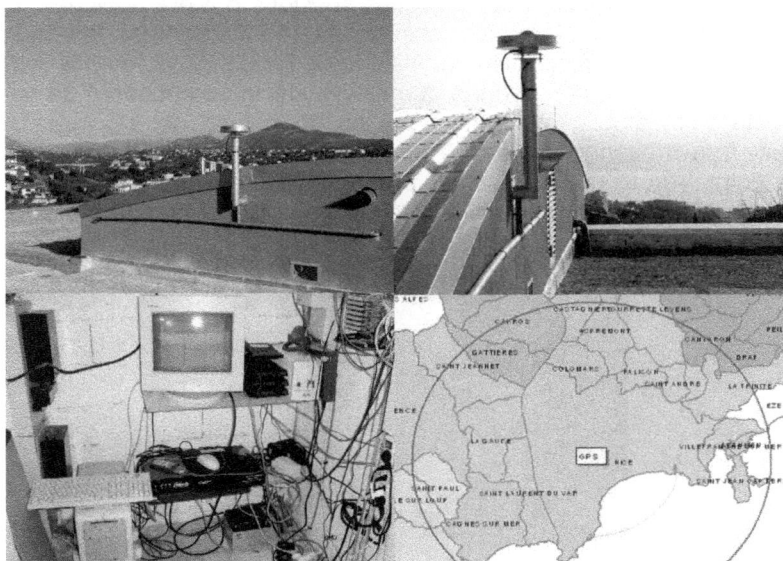

Figure F.34 : Station permanente NICA en 2008. Photo haut gauche : vue nord est l'antenne. Haut droit : vue sud de l'antenne. Bas gauche : local technique. Bas droit : localisation géographique : cercle jaune représente un rayon de 5km, le rouge de 10km, centrés sur NICA.(*source : Ville de Nice et Métropole Nice Côte d'Azur – Direction Information Géographique,2008*)

En sus de la station NICA, les autres stations GNSS existantes à proximité et présentées précédemment ont servi de station de contrôle et de validation.

II.3.2 – Observations GPS statiques

La composante verticale est la plus délicate à obtenir par techniques de mesure GNSS et sa précision est moins bonne que la précision que l'on obtient sur la composante planimétrique. Aussi, afin d'obtenir des précisions centimétriques sur la hauteur ellipsoïdale, il a été nécessaire de procéder à des observations de longue durée en respectant les prescriptions d'usage comme l'absence de masque, l'absence d'interférences radioélectriques, la prévision de la constellation, etc...

Les observations ont été menées en mode statique avec une antenne de qualité géodésique et des récepteurs GPS bi-fréquence Thalès Scorpio 6502. Des sessions de 3 heures, ont été réitérées au minimum une fois afin d'atteindre et de valider le niveau de précision souhaité. L'étendue de la zone traitée a été de l'ordre de 100 km² englobant la commune de Nice, aucun point n'étant distant de plus d'une quinzaine de kilomètres de NICA. Lorsque deux sessions d'observations conduisaient à des écarts supérieurs à 1 cm sur la composante verticale, de nouvelles sessions ont été réalisées afin de préciser les résultats. Dans les cas de fautes flagrantes, les sessions correspondantes ont été simplement éliminées. En définitive, sur les résultats qui ont été conservés, la moyenne des écarts sur la composante de hauteur ellipsoïdale s'est établie à 4 mm, avec un écart type de 3,8 mm. L'écart maximum à la moyenne est de 10 mm sur l'ensemble des points, excepté pour le point Vérola qui a posé un problème et dont les écarts sont tous situés entre 10 et 20 mm pour les quatre sessions d'observation réalisées.

Figure F.35 : Session d'observation GPS à Miami Plage avec un récepteur Thalès Scorpio 6502 et une antenne Ashtech 701945.02_E (photographe et opérateur : M Jean Michel Pascal)

II.3.3 – Coordonnées finales des points d'appui du quasigéoïde

Le tableau T.1 ci-dessous synthétise les résultats obtenus. La précision finale des anomalies d'altitudes, issue hauteurs ellipsoïdales et les altitudes, est d'au minimum 2 cm. Les coordonnées présentées ci-dessous, sont exprimées dans les systèmes IGN69 pour l'altimétrie et en RGF93 (coordonnées géographiques, degrés décimaux) qui est la réalisation française de ETRS89 pour le géopositionnement.

Point	Longitude	Latitude	He	Alt. IGN69	ζ
Albert_1er_	7,26781743	43,69475958	55,003	6,222	48,781
Brancolar	7,27108611	43,72318572	165,265	116,212	49,053
Carras	7,23096801	43,67977581	53,199	4,452	48,747
Corniche_des_oliviers	7,23079466	43,72913106	317,458	268,272	49,186
Raiola	7,21101457	43,73018891	321,047	271,810	49,237
Durandy	7,21791096	43,71945866	284,059	234,913	49,145
Echangeur st Isidore RN202	7,18878211	43,70127582	73,042	23,980	49,062
Bellet	7,23707557	43,69780452	162,403	113,495	48,908
Fabron	7,20770899	43,70044338	269,076	220,066	49,010
Ginestiere	7,20936088	43,70673948	260,798	211,739	49,059
Goiran	7,24889708	43,72509984	129,853	80,741	49,112
GPS3	7,21058497	43,76000622	249,883	200,405	49,478
Jeanne_D'arc	7,26321206	43,71298118	77,990	29,022	48,968
Leclerc	7,18821087	43,70878125	77,077	27,936	49,141
Les_combes	7,18669730	43,74511114	100,240	50,821	49,419
Lingostiere	7,18806085	43,72746587	88,001	38,723	49,278
Manda	7,19793536	43,75650823	108,834	59,374	49,459
Madeleine_1	7,22439430	43,71355901	121,875	72,802	49,073
Magnan	7,24602614	43,69058833	55,187	6,375	48,812
Marmorini	7,30872747	43,73740088	113,496	64,370	49,126
Miami Plage	7,23864435	43,68680940	53,286	4,489	48,797
Mont_Alban	7,29969626	43,70095023	270,041	221,235	48,807
Montreal	7,21385181	43,68994775	215,186	166,275	48,911
Necropole	7,21369230	43,77166015	120,107	70,567	49,540
NICA	7,22725760	43,70326123	256,502	207,523	48,979
Nikaïa	7,19968305	43,67946706	61,193	12,330	48,856
Observatoire_dep1	7,29901628	43,72652838	421,250	372,199	49,051
Pointe_de_Contes	7,33770977	43,78057299	177,787	128,323	49,464
Pont_du_Var	7,20103831	43,66476605	62,516	13,770	48,746
Pontremoli	7,19856753	43,68644210	64,658	15,720	48,938
Ponts_jumeaux	7,28586103	43,73070994	92,840	43,755	49,085
Port2	7,28516073	43,69545895	50,330	1,561	48,769
Riquier	7,28932750	43,70684464	69,274	20,408	48,866
St_Andre	7,28700774	43,74693837	129,272	80,024	49,248
St_pancrace	7,23876204	43,74144136	350,698	301,424	49,274
St_pierre_de_Feric	7,24823465	43,70737479	196,703	147,760	48,943
St_Roman	7,21405486	43,74318868	354,531	305,190	49,340
Verola	7,18779771	43,71033207	81,690	32,535	49,146
Villefranche	7,31485263	43,70707807	62,692	13,845	48,847

<u>Table T.1</u> Positions (RGF93) et altitudes (IGN69) des points observés du quasi-géoïde terrestre

II.4 – Calcul et analyse du quasi-géoïde côtier sur sa composant terrestre

A partir des valeurs d'anomalie d'altitude constituées pour chacun des points observés, on peut par interpolation créer un modèle numérique représentant le quasi-géoïde sur l'étendue du territoire couvert par les points générateurs du modèle.

II.4.1 – Le choix des méthodes d'interpolation

Toutes les mesures réalisées ont été localisées en des positions ponctuelles de l'espace géographique. Elles ont permis d'obtenir ponctuellement la valeur du quasi-géoïde terrestre local sur notre champ d'étude. Ces valeurs régionalisées (Wackernagel, 2003) correspondent à des valeurs d'une fonction mathématique, que l'on peut appeler variable régionalisée (Matheron, 1962), correspondant dans notre cas à notre quasi-géoïde terrestre local.

L'interpolation va permettre de prédire la valeur de notre variable régionalisée « quasi-géoïde terrestre local » en tout point de notre champ d'étude. Malheureusement ces prédictions seront entachées d'erreurs propres, dues à la méthode d'interpolation spatiale utilisée. Aussi il a semblé intéressant d'utiliser et de comparer les résultats de trois grandes catégories de méthodes d'interpolations. Celle d'une méthode déterministe classique, c'est-à-dire s'appuyant uniquement sur une fonction mathématique censée représenter la variable régionalisée, celle d'une méthode stochastique qui intègre la notion de hasard, et celle d'une méthode intermédiaire entre déterministe et stochastique, c'est-à-dire considérée tantôt comme déterministe et tantôt comme stochastique selon les auteurs, la régression locale. Dans le cas de la méthode stochastique la variable régionalisée est considérée comme une variable aléatoire et chaque valeur régionalisée est prise comme la réalisation de cette variable. Dans ce cas les erreurs de modélisation peuvent également être calculées.

Ces trois méthodes d'interpolation sont rapidement rappelées en annexe 1.

II.4.2 – Les modèles d' interpolation générés

Les trois méthodes d'interpolation présentées ci-dessus donnent des résultats comparables que l'on trouvera ci-après. La précision de chaque modèle a été évaluée par une validation croisée.

Le pas d'interpolation a été fixé en latitude ainsi qu'en longitude à 5.10^{-4} degré.

II.4.2.1 - Application de la méthode d'interpolation par triangulation de Delaunay

La figure F.36 ci-dessous illustre le modèle réalisé par interpolation linéaire par la méthode de Delaunay. On remarquera, que s'agissant d'une méthode d'interpolation par partitionnement de l'espace, elle ne permet pas d'extrapoler en dehors de l'enveloppe convexe des sites observés.
La figure présente une pente assez régulière logiquement orienté selon l'axe nord-sud avec une légère composante est-ouest. L'effet dû à l'interpolation par triangulation n'apparaît pas car les points sont assez régulièrement répartis et les variations inter sites restent relativement faibles.

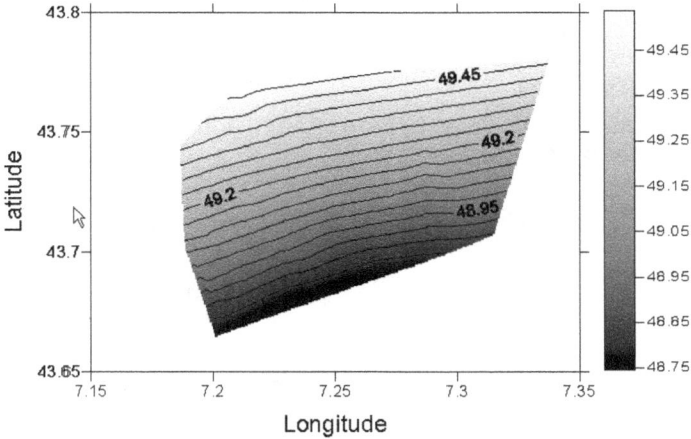

Figure F.36 : Modèle de quasigéoïde obtenu par interpolation de Delaunay

Le calcul de la validation croisée (figure F.37) selon la technique du « leave one out » correspondant à cette modélisation montre que les erreurs estimées restent faibles puisqu'elles se situent dans une fourchette maximale de -2cm à +2,7cm. S'agissant d'une validation croisée, les sites observés représentés par des croix, présentent les erreurs quantifiées.

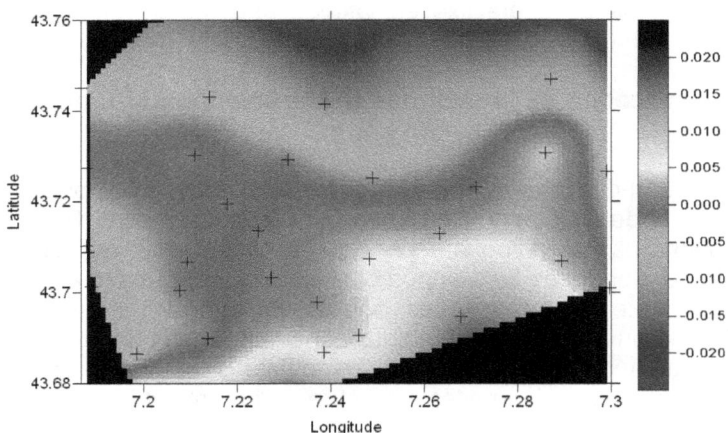

Figure F.37 : Estimation de l'erreur (en cm) associée à l'interpolation de Delaunay et obtenue par validation croisée. Les croix représentent la position de chaque site mesuré.

II.4.2.2 - Application de la méthode d'interpolation par régression polynomiale locale d'ordre 2

La figure F.38 ci-dessous illustre le modèle réalisé via la méthode d'interpolation par régression polynomiale locale d'ordre 2.

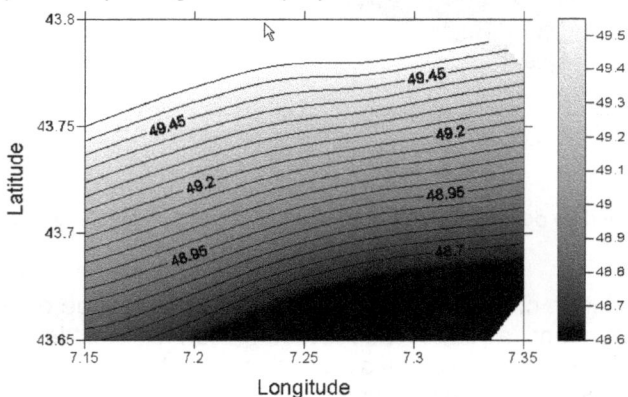

Figure F.38 : Modèle de quasi-géoïde terrestre local obtenu par interpolation polynomiale locale d'ordre 2

Dans ce cas on notera qu'une extrapolation est également obtenue en en dehors de l'enveloppe convexe des sites observés. La figure F.39 ci-après illustre à l'aide d'une validation croisée, l'estimation de l'erreur due à cette

80

interpolation. On constate que le secteur nord-est est le moins bien interpolé, ce qui est logique puisqu'il correspond à une zone de densité d'observation très faible pour laquelle la surface appliqué par régression semble donner de moins bonnes estimations.

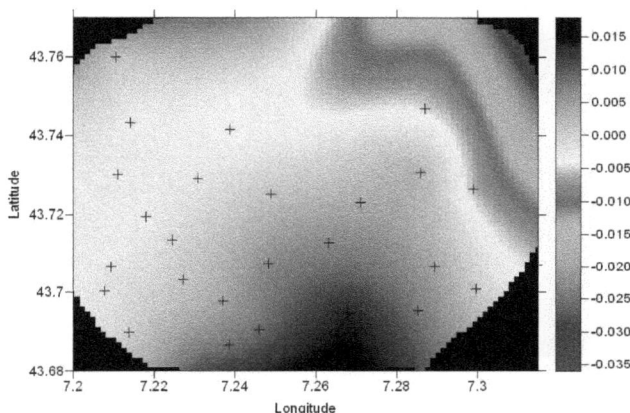

<u>Figure F.39</u> : Estimation de l'erreur (en cm) associée à l'interpolation polynomiale locale d'ordre 2 et obtenue par validation croisée. Les croix représentent la position de chaque site mesuré.

II.4.2.3 - Application de la méthode d'interpolation par krigeage

Comme évoqué précédemment, le quasi-géoïde terrestre local présentant une pente orientée nord-sud, il est nécessaire d'intégrer une tendance dans le krigeage. On peut constater en examinant les courbes de niveaux des figures F.36 ou F.38, que le gradient du quasi-géoïde reste relativement uniforme en module et orientation : aussi on choisi donc d'intégrer une tendance linéaire dans le krigeage.

La figure F.40 ci-dessous illustre le semi variogramme expérimental réalisé avec les paramètres indiqués précédemment. On peut s'apercevoir qu'il n'y a pas d'effet pépite notable, et qu'il présente une légère anisotropie.
Il n'y a pas de palier, la portée n'est donc pas quantifiée, indiquant probablement qu'il y a toujours une dépendance spatiale des données dans l'intervalle défini, ici de 0,5°, ou bien que la fonction n'est pas stationnaire d'ordre 2

81

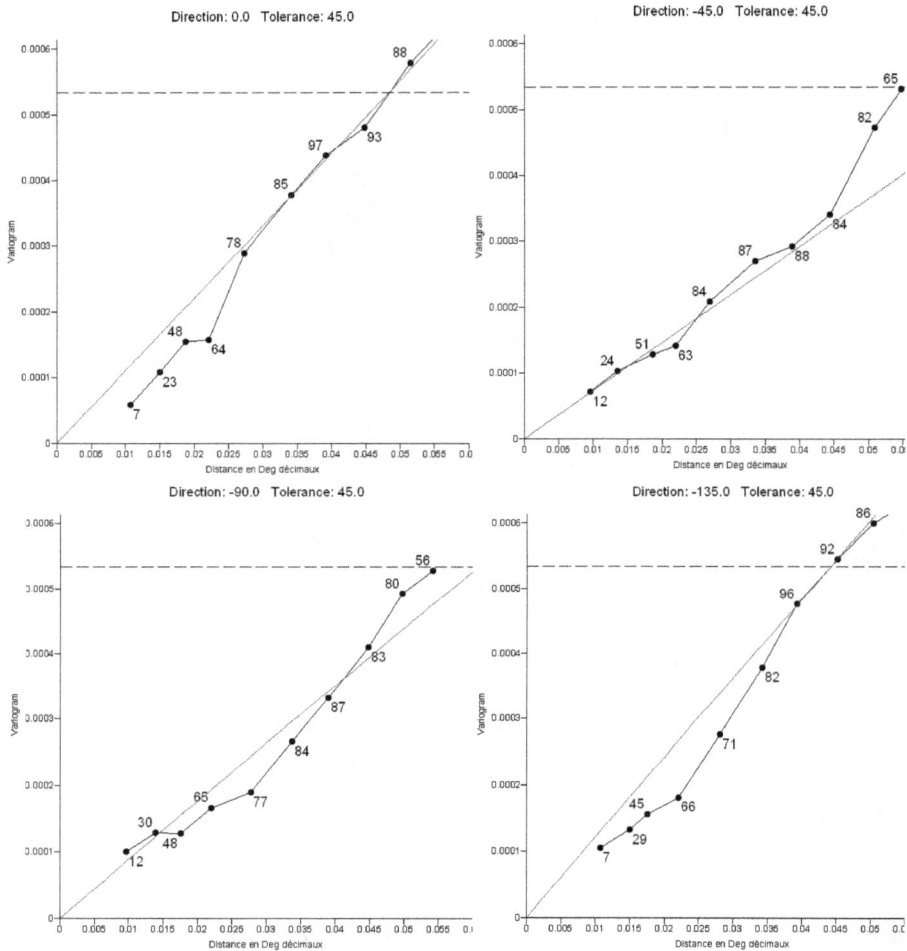

Figure F.40 : Semi variogramme expérimental et sa modélisation linéaire, représentés pour les directions trigonométriques 0°, -45°, -90°, -135°

On trouvera en figure F.41 le résultat de l'interpolation par krigeage, qui présente des courbures plus prononcées des courbes de niveaux associées.

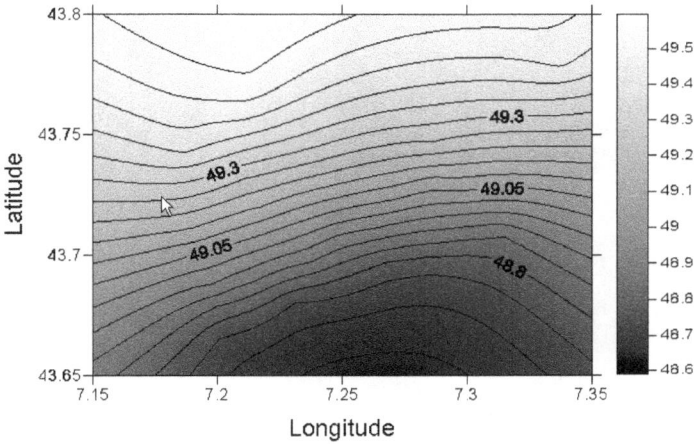

Figure F.41 : Modèle de quasigéoïde terrestre local obtenu par krigeage

L'estimation de l'erreur associée au modèle a été produite, directement à partir de la variance de krigeage d'une part (figure F.43) et d'autre part à partir d'une validation croisée (figure F.42).

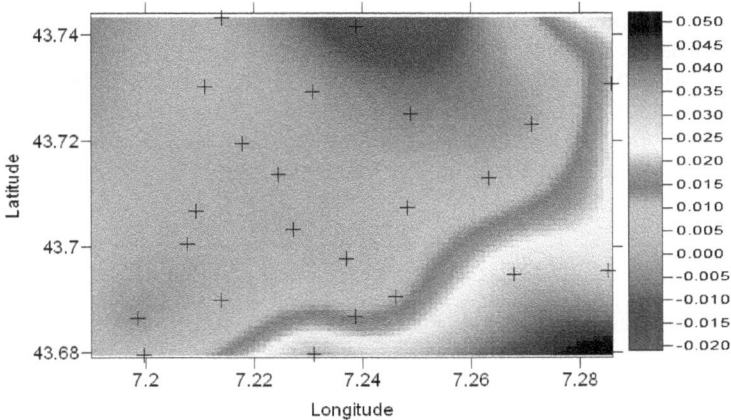

Figure F.42 : Estimation de l'erreur (en cm) associée à l'interpolation par krigeage et obtenue par validation croisée. Les croix représentent la position de chaque site mesuré.

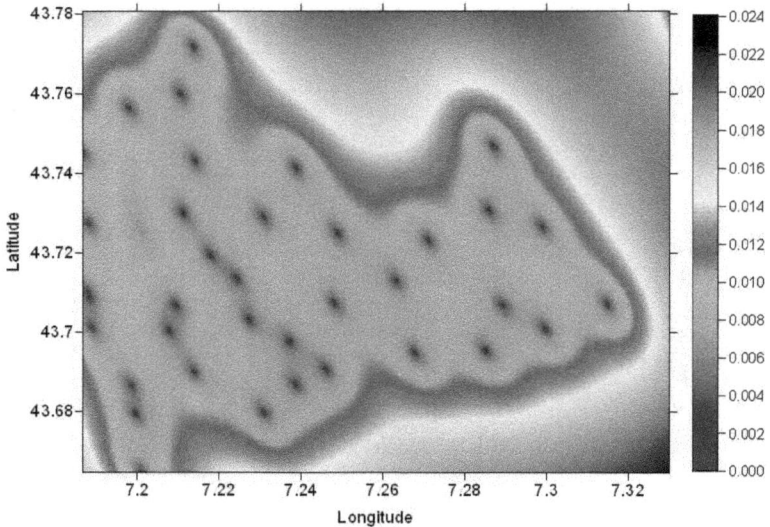

Figure F.43 : Estimation de l'erreur associée à l'interpolation par krigeage et obtenue directement par la modélisation.

II.4.2.4 - Validation des modèles générés

La table T.2 ci-dessous présente pour chacune des trois méthodes d'interpolation les résultats obtenus par validation croisée (Olea R., 1999). A l'aide des figures ci-dessus, on a pu s'apercevoir que les modèles générés sont concordants, si l'on se limite à l'enveloppe convexe des sites observés, où bien à leur proximité immédiate. L'examen des modèles d'erreurs associés aux interpolations générées est à ce titre indispensable pour en limiter l'extension à un niveau de confiance acceptable.

	Krigeage	Delaunay	Polynôme
Moyenne ecarts	0.0041	0.0093	0.0086
Ecart type	0.0157	0.0121	0.0109
Max	0.0465	0.0275	0.0247
Min	-0.0205	-0.0216	-0.032

Table T.2 : Résultats (en mètre) de la validation croisée sur les trois méthodes d'interpolation utilisées

84

II.4.2.5 – Validation du modèle terrestre par comparaison avec la grille RAF98

La grille de conversion altimétrique RAF98 (en vigueur à la date de l'expérimentation) est une adaptation du modèle de quasigéoïde QGF98 (Duquenne, 1998) aux altitudes normales IGN69. Elle couvre l'ensemble du territoire métropolitain Français à un pas de 0,025° en latitude et de 0,033° en longitude. Il s'agit d'une surface de référence altimétrique correspondant à notre quasi-géoïde terrestre local.

Il est intéressant de confronter cette grille RAF98 issue de mesures gravimétriques à nos modèles déterminés par GPS et nivellement afin de valider nos mesures et interpolations.

Cependant, étant donné que la résolution de RAF98 est largement inférieure à celle de nos modèles pour lesquels une plus grande densité de points d'observations a été utilisée, on ne pourra pas pousser l'analyse comparative bien au-delà de la constatation d'un biais, d'un écart de pente éventuel, ou de la mise en évidence de variations locales grâce à la meilleure résolution des modélisations locales réalisées.

Afin de mesurer les écarts entre RAF98 et nos modèles il a fallut tout d'abord ré-échantillonner cette première au même pas que nos quasi-géoïdes Locaux Niçois (QGLN).
Ensuite les matrices suivantes ont été formées sur l'emprise de la commune de Nice :

$$A = RAF98 - QGLN\_delaunay$$
$$B = RAF98 - QGLN\_krigeage$$
$$C = RAF98 - QGLN\_polynôme$$

On pourra constater sur la table T.3 ci-dessous que RAF98 semble présenter un biais de l'ordre de 2 cm avec nos modèles de quasi-géoïdes locaux. Plusieurs raisons peuvent expliquer cela :
- Lors de l'adaptation de QGF98 aux altitudes IGN69, des points du Réseau de Base Français (RBF) du RGF93 ont été utilisés pour créer RAF98. Or dans la région de Nice il est établi que plusieurs points RBF présentaient des hauteurs ellipsoïdales inexactes de plusieurs centimètres. Ces hauteurs ellipsoïdales erronées ont pu contribuer à biaiser localement le modèle dans la région Niçoise.
- La région Niçoise se trouve d'un côté bordé par la mer méditerranée et de l'autre à proximité de la frontière italienne : elle ne bénéfice donc pas des phénomènes d'interpolation et de lissage qui auraient pu contribuer à corriger toute faute locale de données, aussi bien gravimétriques en ce qui concerne QGF98 que de hauteur ellipsoïdale en ce qui concerne l'adaptation RAF98.

- Les valeurs de hauteurs ellipsoïdales ont été calculées à partir de nos observations GPS à l'aide de modèles ionosphériques et troposphériques établis et reconnus, ainsi que d'angles de coupures fixés à 10° d'élévation. Cependant on sait que toute modification de ces paramètres peut entraîner des variations de l'ordre du centimètre sur les résultats des calculs de hauteur ellipsoïdale. Cela pourrait conduire in fine à des modèles de quasi-géoïdes légèrement différents et davantage en accord avec RAF98.

	A RAF98-QGLN_Del.	**B** RAF98-QGLN_krig.	**C** RAF98-QGLN_pol2
Moyenne	-0.022	-0.017	-0.023
Ecart type	0.011	0.014	0.011
Max	0.012	0.029	0.001
Min	-0.041	-0.061	-0.058

Table T.3 : Statistiques obtenues concernant les trois matrices A, B, et C calculées.

Aucune autre interprétation évidente n'a pu être simplement identifiée, certaines formes géométriques apparaissant dans les comparaisons reflétant essentiellement le type d'interpolation utilisé.

Finalement, on pourra conclure en disant que nos modèles de quasi-géoïdes terrestres présentent un très bon accord la grille RAF98, puisque au-delà du léger biais enregistré, l'écart type centimétrique semble n'être dû qu'au bruit des mesures, et les valeurs minimales et maximales se situent principalement en bordure de zone de nos modèles.

III. DETERMINATION DE LA COMPOSANTE MARINE DU QUASI-GEOÏDE CÔTIER

Comme présenté au chapitre II. § III.3.2.1, la composante marine du quasi-géoïde côtier est calculée dans le cadre de cette expérimentation à partir des mesures de la topographie dynamique. Celles-ci sont acquises selon un concept technique novateur : mesurer simultanément la hauteur ellipsoïdale d'une antenne GNSS en mouvement au dessus de l'eau, et la distance verticale entre cette antenne et la surface de l'eau pour en dériver la topographie dynamique. Cette méthode permet de s'affranchir d'une calibration de l'attitude du bateau et d'obtenir une précision centimétrique des mesures réalisées grâce à la technique de mesure utilisée. Elle simplifie et accélère la campagne d'observation en rendant l'utilisation directe et simple d'un bateau possible.

III.1 – La nouvelle procédure d'acquisition à partir d'un bateau

Les critères recherchés pour l'unité d'acquisition de la distance entre l'antenne GNSS et la surface de l'eau sont :
- précision minimale inférieure à 1 cm afin de ne pas dégrader de manière trop importante les mesures de hauteurs ellipsoïdales réalisées par GNSS.
- mesures réalisables en temps réel, avec maîtrise de la cadence et possibilité de réaliser des moyennes paramétrables sur plusieurs échantillons.
- gestion du déclenchement des mesures, synchronisation des acquisitions avec les mesures GNSS à la seconde, et datation des mesures de distance selon le même référentiel temporel.
- enregistrement des mesures afin de pouvoir réaliser un post-traitement des données à des fins de détection d'anomalies, de filtrage, ou de correction.
- impact réduit du roulis, des lacets et du tangage du bateau sur les mesures de distance.
- autonomie de fonctionnement importante et fiabilité accrue du système de mesure.

La technique de mesure de distance par ultrason permet simplement d'atteindre ces objectifs :
- Le diagramme d'émission d'un transducteur à ultrason est suffisamment large pour permettre d'être tolérant aux mouvements de roulis et tangage du bateau, tout en étant suffisamment directionnel pour conserver une puissance suffisante dans le cône d'émission. Les diagrammes d'émission et de réception présentés ci-dessous en figure F.44 (http://www.murata.com) illustrent la sensibilité directionnelle typique des émetteurs et récepteurs à ultrasons. Ils autorisent des roulis et tangages sur plus de 20°, ce qui est tout à fait adapté à une navigation par mer peu agitée. Le faible coût, la simplicité de mise en œuvre et la fiabilité de cette technologie éprouvée, ont également contribué à son adoption à titre expérimental.

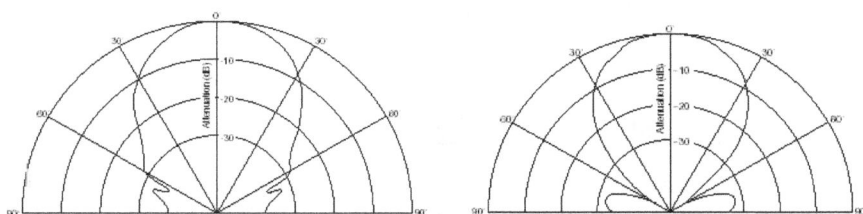

Figure F.44 : Diagrammes d'émission (MA40B8S) et de réception (MA40B8R) des transducteurs à ultrason Murata (source : http://www.murata.com).

III.2 –Unité d'acquisition de la distance entre l'antenne GPS et la surface de l'eau

III.2.1 – Le Principe de mesure

La télémétrie par ultrason consiste en la mesure du délai entre l'émission d'une impulsion acoustique ultrasonore et sa réception après réflexion sur un obstacle, ici en l'occurrence, la mer. La durée mesurée correspond donc au double de la distance jusqu'à l'obstacle. La fréquence centrale de travail d'un transducteur à ultrason que l'on trouve fréquemment dans le commerce est de 40 ou 41KHz. D'autres modèles existent à des fréquences différentes mais présentent généralement des sensibilités inférieures au niveau du récepteur correspondant et surtout des diagrammes d'émission et de réception beaucoup plus étroits lorsque la fréquence de travail augmente.

III.2.2 – Incidence de la température de l'air

La vitesse de propagation C d'une onde acoustique dans l'air varie de manière relativement importante en fonction de la température, de la pression atmosphérique et de l'humidité relative de l'air. La formule ci-après du Bureau des Longitudes (Dupuy, 1993) modélise cette variation :

$$C = 331,2 [1 + 0,97 \ U/P + 1,9.10^{-3} \ t]$$

avec

C, la célérité acoustique dans l'air en m/s.
P, pression atmosphérique en hPa
t, température de l'air en °C
U, humidité relative de l'air

Il s'avère que les variations de la pression atmosphérique et de l'humidité relative de l'air ont très peu d'effet sur la célérité : les négliger engendre une erreur de mesure sur la hauteur d'eau inférieure à 1 mm pour un transducteur placé à 1 m au-dessus de l'eau.
Par contre les variations de 5°C engendrent quant à elles des écarts de mesure de l'ordre de 1% de la distance mesurée qu'il sera nécessaire de corriger.

III.2.3 – Développement de l' Unité d'acquisition

On trouvera en annexe 2 les développements électroniques et le logiciel réalisé pour cette étude concernant l'unité d'acquisition de la distance entre l'antenne GPS et la surface de l'eau. Deux versions sont présentées :

- la première comporte un développement complet du système électronique : cette première solution a parfaitement fonctionné mais les capteurs ont pris l'eau le 14/10/2007 à l'occasion d'une deuxième campagne de mesure. L'impossibilité d'obtenir des capteurs identiques rapidement a conduit à développer une deuxième version simplifiée.
- La deuxième version, a été réalisée très rapidement en s'appuyant sur un module intégré du commerce (SRF05 de Devantech), et en reprenant une partie de l'électronique développée sur la version 1, qui a été adaptée.

Les deux versions ont présenté des caractéristiques en termes de précisions quasi-identiques.

III.3 – Les campagnes d'observations

Trois campagnes d'observations successives ont eu lieu.
La première était un test du bon fonctionnement du système de mesure.
Elle a eu lieu en soirée le 10 septembre 2007 par une constellation de satellites favorable et une mer calme. Cette première expérience a permis de mettre en évidence certains détails techniques à régler et qui concernent principalement l'autonomie de l'ordinateur portable. Elle a également permis de valider la qualité des mesures obtenues et de fournir un premier jeu de données sur la baie des Anges.

La deuxième sortie, le 14 septembre à l'aube, muni d'une batterie supplémentaire pour le PC ainsi que d'un onduleur en secours se destinait à être la réelle campagne de mesure. Malheureusement, un énorme bateau passé à très vive allure à proximité immédiate a projeté une énorme vague qui a englouti l'avant du bateau et par voie de conséquence les capteurs ultrasons ont été détruits par l'eau de mer.

La troisième sortie a été réalisée le 20 septembre 2007.

III.3.1 – Trajet de la campagne de mesure

La baie des Anges mesure environ 8 km de long et s'étend de l'aéroport au port de Nice.
Cela représente une navigation importante à réaliser si l'on souhaite multiplier les traces et en garantir certains recoupements. Ici encore la possibilité offerte de naviguer à une vitesse correcte a réduit considérablement la durée des observations.

Le géoïde présentant des variations importantes dans la direction Nord Sud, il a été décidé de privilégier des observations selon ces axes.
Par ailleurs afin de prouver le bon fonctionnement de ce nouveau système de mesure couplant GPS et distance-mètre à ultrason, certains de ces axes ont volontairement été observés 2 fois dans deux sens différents afin d'examiner la stabilité des résultats sur des traces identiques, mais dans des conditions de cheminement différentes et donc avec des attitudes différentes du bateau. On trouvera ci-dessous en figure F.45 le parcourt théorique des mesures ainsi que le tracé pratique des mesures réalisées le 20 septembre 2007.

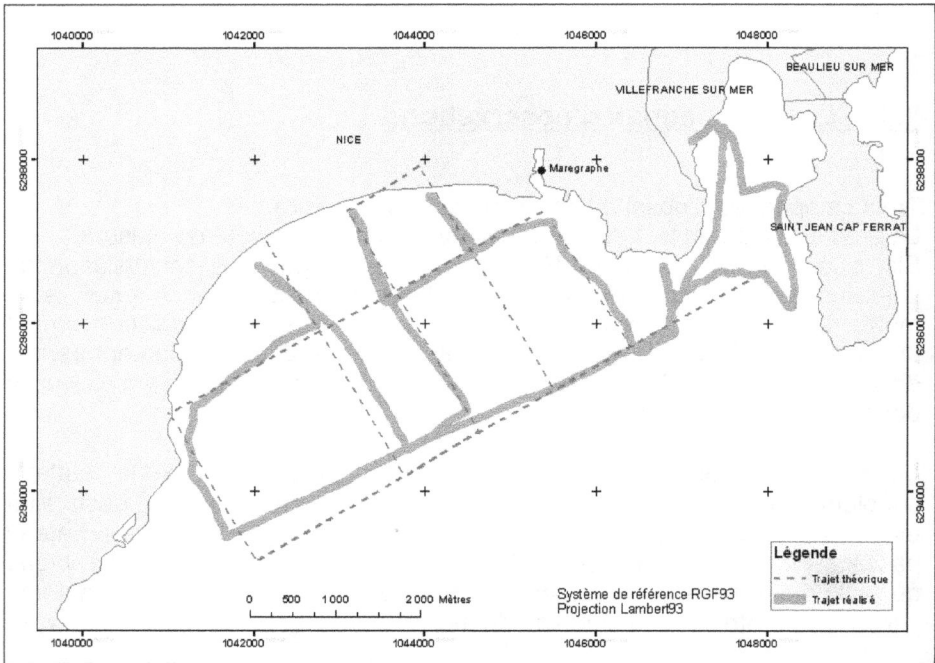

Figure F.45 : Trajets d'observations théorique et réalisé le 20/09/07 de 18h30 à 19H30 GMT+0

Le parcours réalisé ici pour cette session d'observation représente environ 35 km de navigation sur une durée de 3h. Les écarts entre le parcours théorique et le parcours réalisé s'explique principalement par le fait que seul pilote à bord ce jour, je devais surveiller à la fois l'instrumentation et assurer le pilotage par des conditions de mer difficiles (houle de 80 cm) vu le type d'embarcation utilisée.

Avant le départ, le contrôle du bon étalonnage du distance-mètre a été réalisé à terre et également par rapport à la surface de l'eau. On constate systématiquement une exactitude de l'ordre de 5 mm. Préalablement à chaque sortie, un appel téléphonique au SHOM a permis de s'enquérir du bon fonctionnement du marégraphe de Nice.

III.3.2 – Instrumentation

Le matériel utilisé pour réaliser les observations est composé de :
- Système GPS : deux récepteurs GPS bifréquence (un Leica GX1230 et un Thales Scorpio 6502) connectés à une même antenne Leica AX1202 via un splitter d'antenne afin d'assurer une redondance. Les récepteurs ont été configurés pour enregistrer les mesures de phases et également pour enregistrer les positions calculées en mode RTK via la liaison radio UHF entre la station permanente NICA et les deux mobiles. La figure F.46 ci-dessous illustre le matériel GPS installé à bord.

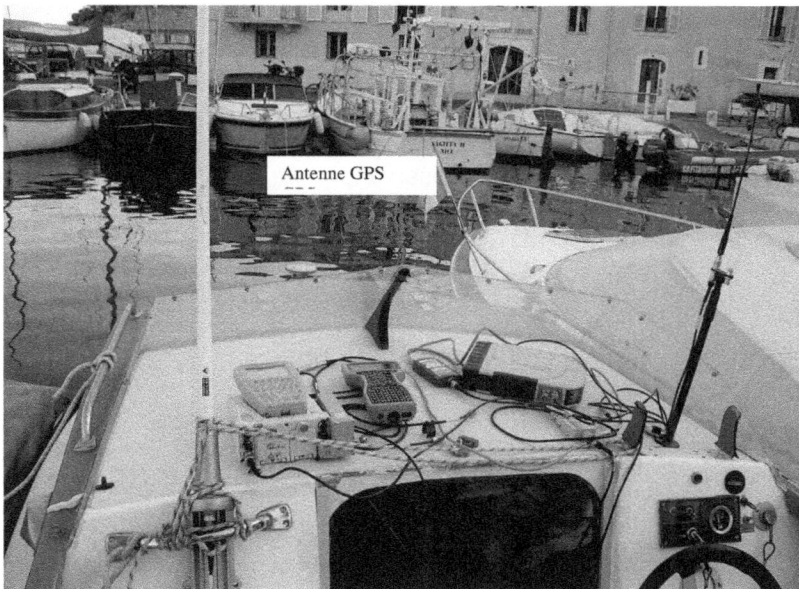

Figure F.46 : Récepteurs GPS et antennes radio et GPS utilisés sur le bateau « Capoun »

- Le système de mesure par ultrason de distance entre l'antenne GPS et la surface de l'eau : ordinateur portable, boîtier d'acquisition Analogique

/ Numérique NI-USB6008, carte électronique et capteur SRF05. La figure F.47 présente le système de fixation de l'antenne GPS couplée au distancemètre à ultrason.

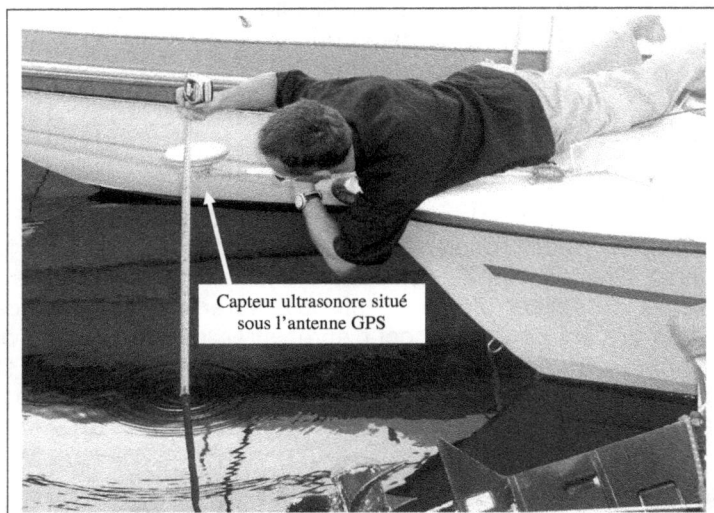

Figure F.47 : Montage de l'antenne GPS couplé au distancemètre à ultrason

- Thermomètre numérique pour mesurer l'évolution de la température tout au long de la mission d'observation, par une prise de température toutes les heures, consignées sur un carnet d'observation.
- Bateau Capoun : longueur 4,80 m, motorisation hors bord 50CV, cabine, mouillage au port de la Darse à Villefranche sur Mer.

III.3.3 – Analyse et traitement des données brutes

Les données brutes sont déchargées des équipements au retour de chaque mission.

III.3.3.1 - Contrôle de qualité sur les mesures par ultrason de hauteur d'antenne

Les hauteurs d'antenne au dessus de l'eau fournies par le distance-mètre sont réalisées à un cadencement qui est fonction de l'occupation CPU du PC et des caractéristiques du distance-mètre. La cadence de mesure est donc variable entre 12 et 15 mesures par secondes. La figure F.48 présente les mesures brutes réalisées en pleine mer à une vitesse de 5 m/s environ par une mer de houle d'amplitude 60 cm environ.

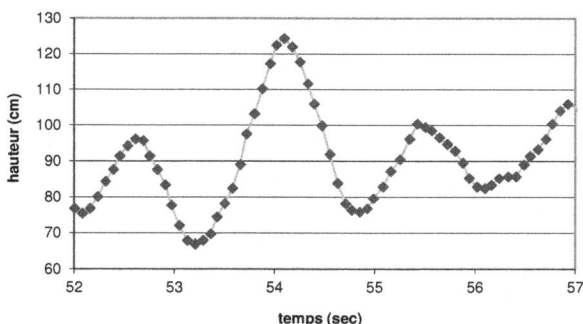

Figure F.48 : Echantillons de mesures de hauteur de l'antenne GPS au dessus de la mer

On peut constater l'excellent fonctionnement du distance-mètre malgré la vitesse de déplacement et les vibrations du bateau. En examinant l'ensemble des mesures réalisées on a constaté la fiabilité du système de 100%.

III.3.3.2 - Calcul des positions GPS et élimination des données de précision insuffisante

Les positions GPS sont obtenues par post-traitement en mode trajectographie à l'aide du logiciel Leica GeoOffice. Le post-traitement est réalisé avec les données de la station permanente NICA et les orbites radiodiffusées étant donné la faible distance entre NICA et le mobile. Ne sont conservés que les points dont la hauteur ellipsoïdale est qualifiée d'une précision meilleure que 2cm par le logiciel : 90% des points conservés sont estimés par le logiciel à une précision meilleure que 1 cm. La synchronisation parfaite des mesures GPS et des hauteurs d'antennes au dessus de l'eau de l'eau n'est pas recherchée car elle ne permet pas de représenter à l'instant *t* la valeur moyenne du niveau de la mer, mais seulement la position aléatoire instantanée du niveau de l'eau en fonction de l'état de surface de la mer et de l'attitude du bateau. En moyennant ces valeurs de hauteurs ellipsoïdales et de hauteur d'antenne sur des durées suffisamment longues on a pu s'affranchir de l'état de la mer dû aux vagues et à l'attitude du bateau.

III.3.3.3 - Corrections de température

Conformément à ce qui a été annoncé précédemment, les corrections de températures *Ct* ont été apportées et ont conduit à des corrections allant jusqu'à 6 mm pour la session du 20/09/07 et de 1 mm pour la session du

10/09/07 : en effet, cette dernière n'ayant durée que 30 minutes environ, la variation de température n'a été que de 0,5°C.

III.3.3.4 - Correction des effets dus à la marée et à la pression atmosphérique

Le marégraphe de Nice (figure F.49) est situé à proximité immédiate de la zone d'observation et permet de répercuter les effets dus à la marée et aux variations de pression atmosphérique sur les mesures réalisées en mer puisque l'on peut considérer que dans une telle configuration de proximité (moins de 5 km), les simultanéités et les amplitudes des phénomènes sont quasiment identiques.

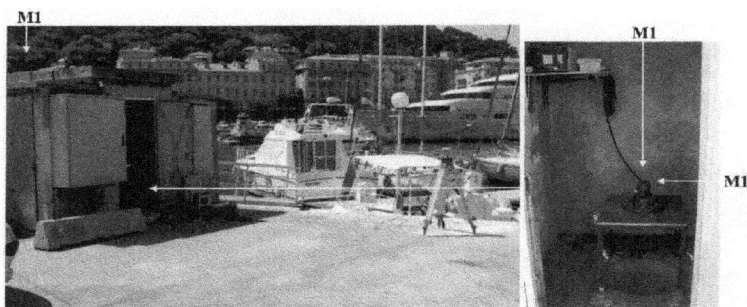

Figure F.49 : Marégraphe de Nice
(*source : EPSHOM, fiche d'observatoire de marée n°1689*)

Pour cela il est nécessaire de connaître avec précision la correction à apporter à partir des mesures du marégraphe.

Tout d'abord, afin de s'assurer de la bonne stabilité du marégraphe, il a été procédé à un nivellement de contrôle des repères de stabilité du marégraphe. Cela a conduit a constater une excellente stabilité des repères excepté le repère fondamental du marégraphe (repère A) qui a subi un affaissement de 2,5 cm. Toutes les informations et mesures réalisées ont été transmises au SHOM, qui a également constaté le mouvement du repère A. Ce dernier est d'ailleurs traduit dans la fiche du marégraphe de 2006 (figure F.50). L'EPSHOM contacté, a confirmé en s'appuyant sur les observations réalisées à l'occasion de leur dernière visite sur le site en Juin 2006, que le zéro instrumental du marégraphe n'a subi aucun changement et que la valeur d'écart entre le zéro hydrographique et le zéro IGN69 est bien de 0,334 m pour le marégraphe de Nice.

Par voie de conséquence, la correction *Cm_a* à apporter aux mesures du niveau de l'eau pour répercuter les effets dus à la pression atmosphérique et à la marée est :

$$Cm\_a = H\_marégraphe\_nice - 0,334$$

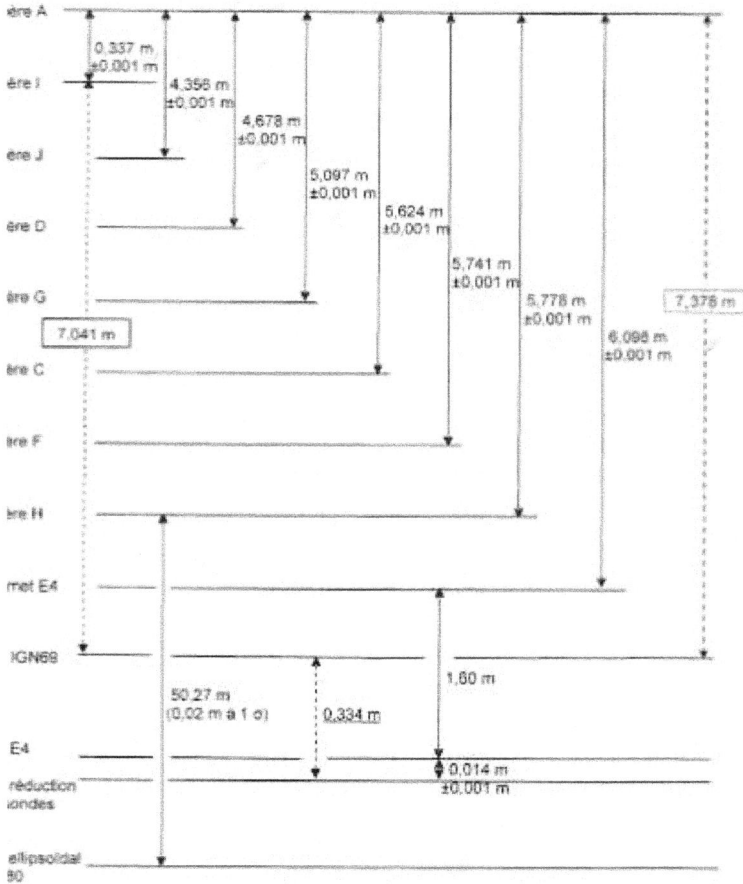

Figure F.50 : Situation en élévation des repères d'altitudes du Marégraphe de Nice et valeur de l'écart zéro hydrographique / zéro IGN69 (*source : EPSHOM, fiche d'observatoire de marée n°1689*)

Les valeurs mesurées toutes les 10 minutes par le marégraphe m'ont été transmises pour certaines par l'EPSHOM, et récupérées directement sur le réseau SONEL pour d'autres. Afin de les exploiter sur un cadencement à la seconde, une simple interpolation linéaire a été réalisée vu la faible amplitude des variations enregistrées sur des périodes limitées à quelques heures.

III.3.3.5 - Application d'une moyenne mobile sur les hauteurs ellipsoïdales et hauteur d'antenne

On a vu précédemment que la durée de la moyenne à réaliser dépend de l'amplitude et de la longueur d'onde des vagues. En considérant l'amplitude maximale des vagues ainsi que leur longueur d'onde maximale, on trouve donc la durée de la moyenne que l'on pourra appliquer à l'ensemble de la session d'observation. La vitesse de déplacement du bateau n'a pas d'incidence dès lors que l'on ne considère plus la longueur d'onde réelle des vagues mais la longueur d'onde vue par le bateau au cours de son déplacement. On calcule donc dans un premier temps une estimation des hauteurs ellipsoïdales du niveau instantané de l'eau à un cadencement de 1s (les hauteurs d'antennes sont ramenées à des moyennes par seconde). On peut ainsi déterminer en parcourant l'ensemble des observations la longueur d'onde maximale ainsi que l'amplitude maximale de la houle. On trouve une amplitude maximale d'environ de 0,80 m sur une période maximale de 10 secondes approximativement. Afin de confiner le biais potentiel dû à l'amplitude et à la période des vagues à une valeur maximale de 2 cm, il est donc nécessaire de calculer des valeurs moyennes du niveau de l'eau sur des durées de 80 secondes (cf figure F.48), qui représentent un déplacement maximum de 420m. C'est cette durée qui a été appliquée aux moyennes mobiles calculées sur les hauteurs ellipsoïdales GPS ainsi que sur les mesures de hauteur d'antenne.

III.3.3.6 - Calcul résultant de la hauteur du niveau de la mer

La valeur du niveau de la mer est donc calculée à partir des observations et des corrections précitées en commençant par appliquer les corrections aux données brutes instantanées, selon la formule :

$$He\_mer\_instantann\acute{e}e = He\_GPS - H\_antenne$$
$$+ Correction\_H\_antenne (dT\degree, H\_antenne)$$
$$- H\_mar\acute{e}graphe + 0,334$$
$$-$$

puis en procédant au calcul de la moyenne mobile à 80 secondes :

$$He\_mer = MoyMobile (He\_mer\_instantann\acute{e}e, dur\acute{e}e=80s)$$

On peut quantifier les erreurs dues à chaque type de mesure afin d'obtenir un bilan des erreurs :

- He_GPS -> 2cm
- H antenne ->1 cm
- Correction de hauteur d'antenne -> 0,1cm
- Correction marégraphique -> 1cm

Soit un bilan total d'erreur de l'ordre de 4 cm

III.3.3.7 - Contrôle qualité du niveau de l'eau obtenu

En exploitant d'une part les croisements des traces et en confrontant d'autre part les résultats obtenus sur deux sessions d'observations différentes (jours et états de mer différents), on peut estimer le niveau de performance et de stabilité réellement obtenu. La figure F.51 ci-dessous présente rapidement les résultats sur les traces de navigation, et identifie de 1 à 6 et de A à D, les croisements et redondances des parcours.

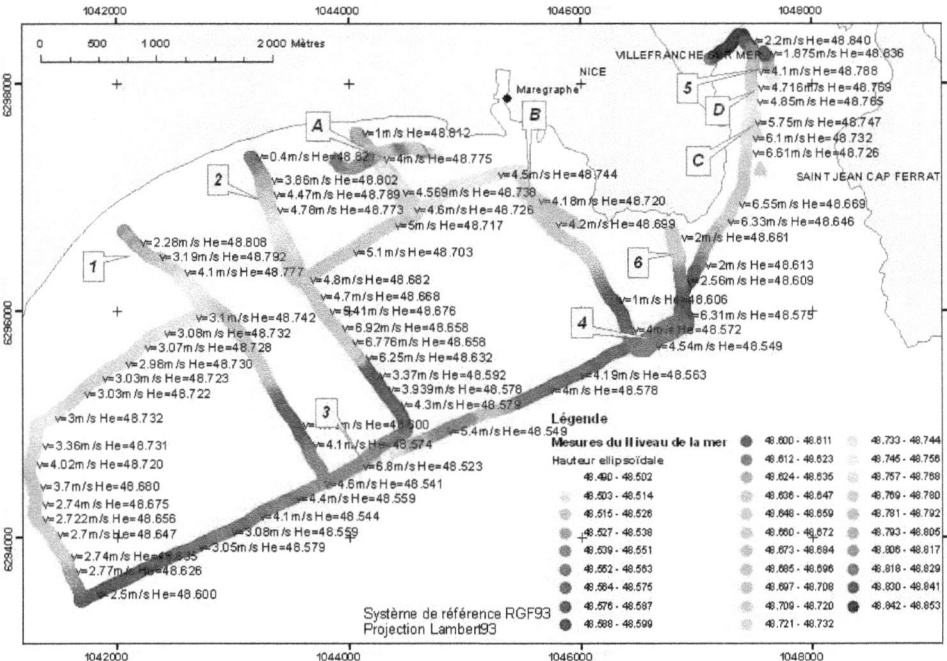

Figure F.51 : Valeurs ponctuelles du niveau de la mer et repérage des croisements et redondances de parcours : 1 à 6 ceux effectués le 20/09/07 - A à D ceux entre les observations des 10 et 20/09/2007

Cela permet de constater que l'on dispose de nombreuses zones d'étude et d'intéressantes diversités de configurations : trajets nord / sud, trajets est/ouest, vitesses comparables faibles et élevées, vitesses différentes, zone abritée (rade) ou pleine mer, époques différentes, et marée très différentes.

La totalité des zones repérées sont volontairement détaillées dans les 10 figures suivantes :

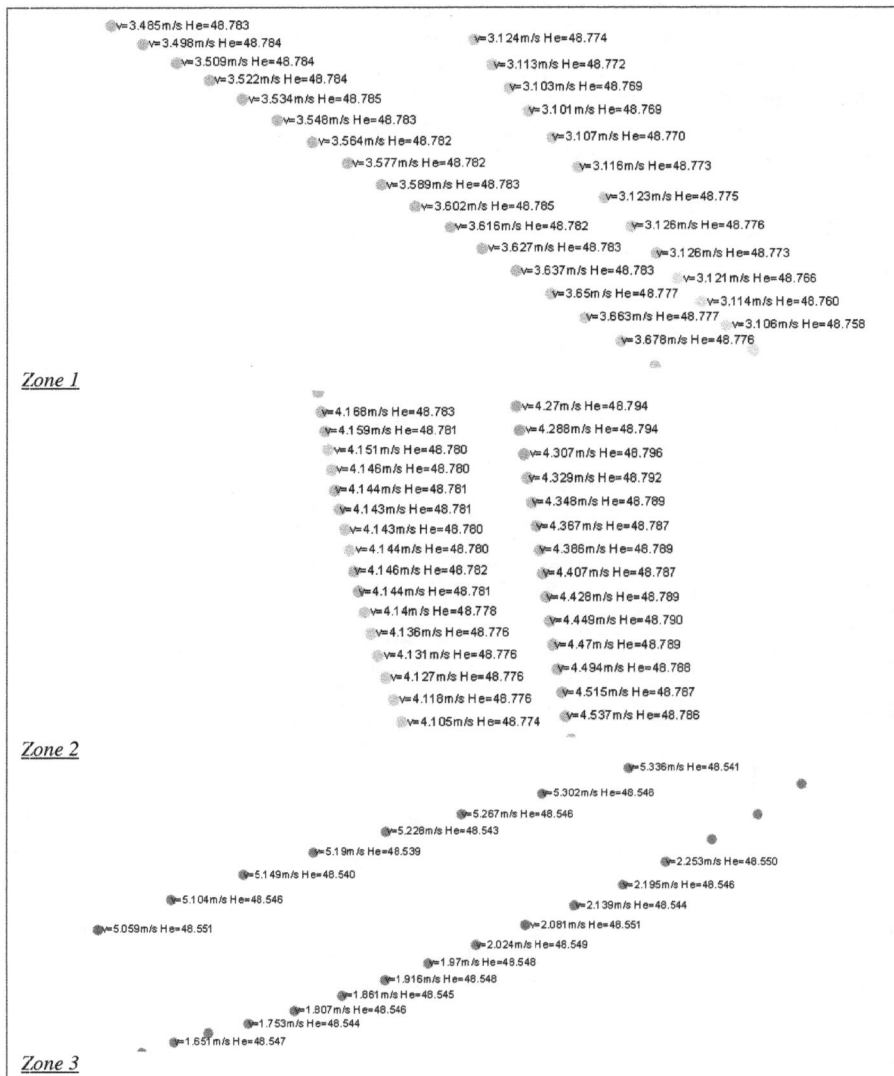

v=3.485m/s He=48.783
v=3.498m/s He=48.784
v=3.509m/s He=48.784
v=3.522m/s He=48.784
v=3.534m/s He=48.785
v=3.548m/s He=48.783
v=3.564m/s He=48.782
v=3.577m/s He=48.782
v=3.589m/s He=48.783
v=3.602m/s He=48.785
v=3.616m/s He=48.782
v=3.627m/s He=48.783
v=3.637m/s He=48.783
v=3.65m/s He=48.777
v=3.663m/s He=48.777
v=3.678m/s He=48.776

v=3.124m/s He=48.774
v=3.113m/s He=48.772
v=3.103m/s He=48.769
v=3.101m/s He=48.769
v=3.107m/s He=48.770
v=3.116m/s He=48.773
v=3.123m/s He=48.775
v=3.126m/s He=48.776
v=3.126m/s He=48.773
v=3.121m/s He=48.766
v=3.114m/s He=48.760
v=3.106m/s He=48.758

Zone 1

v=4.168m/s He=48.783
v=4.159m/s He=48.781
v=4.151m/s He=48.780
v=4.146m/s He=48.780
v=4.144m/s He=48.781
v=4.143m/s He=48.781
v=4.143m/s He=48.780
v=4.144m/s He=48.780
v=4.146m/s He=48.782
v=4.144m/s He=48.781
v=4.14m/s He=48.778
v=4.136m/s He=48.776
v=4.131m/s He=48.776
v=4.127m/s He=48.776
v=4.118m/s He=48.776
v=4.105m/s He=48.774

v=4.27m/s He=48.794
v=4.288m/s He=48.794
v=4.307m/s He=48.796
v=4.329m/s He=48.792
v=4.348m/s He=48.789
v=4.367m/s He=48.787
v=4.386m/s He=48.789
v=4.407m/s He=48.787
v=4.428m/s He=48.789
v=4.449m/s He=48.790
v=4.47m/s He=48.789
v=4.494m/s He=48.788
v=4.515m/s He=48.767
v=4.537m/s He=48.786

Zone 2

v=5.336m/s He=48.541
v=5.302m/s He=48.548
v=5.267m/s He=48.546
v=5.228m/s He=48.543
v=5.19m/s He=48.539
v=5.149m/s He=48.540
v=5.104m/s He=48.546
v=5.059m/s He=48.551

v=2.253m/s He=48.550
v=2.195m/s He=48.546
v=2.139m/s He=48.544
v=2.081m/s He=48.551
v=2.024m/s He=48.549
v=1.97m/s He=48.548
v=1.916m/s He=48.548
v=1.861m/s He=48.545
v=1.807m/s He=48.546
v=1.753m/s He=48.544
v=1.651m/s He=48.547

Zone 3

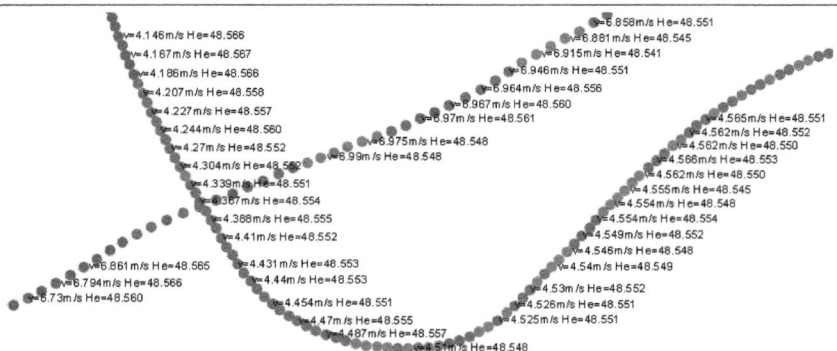

Zone 4

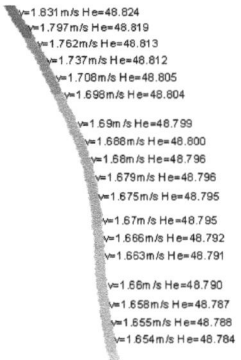

Zone 5

Zone 6

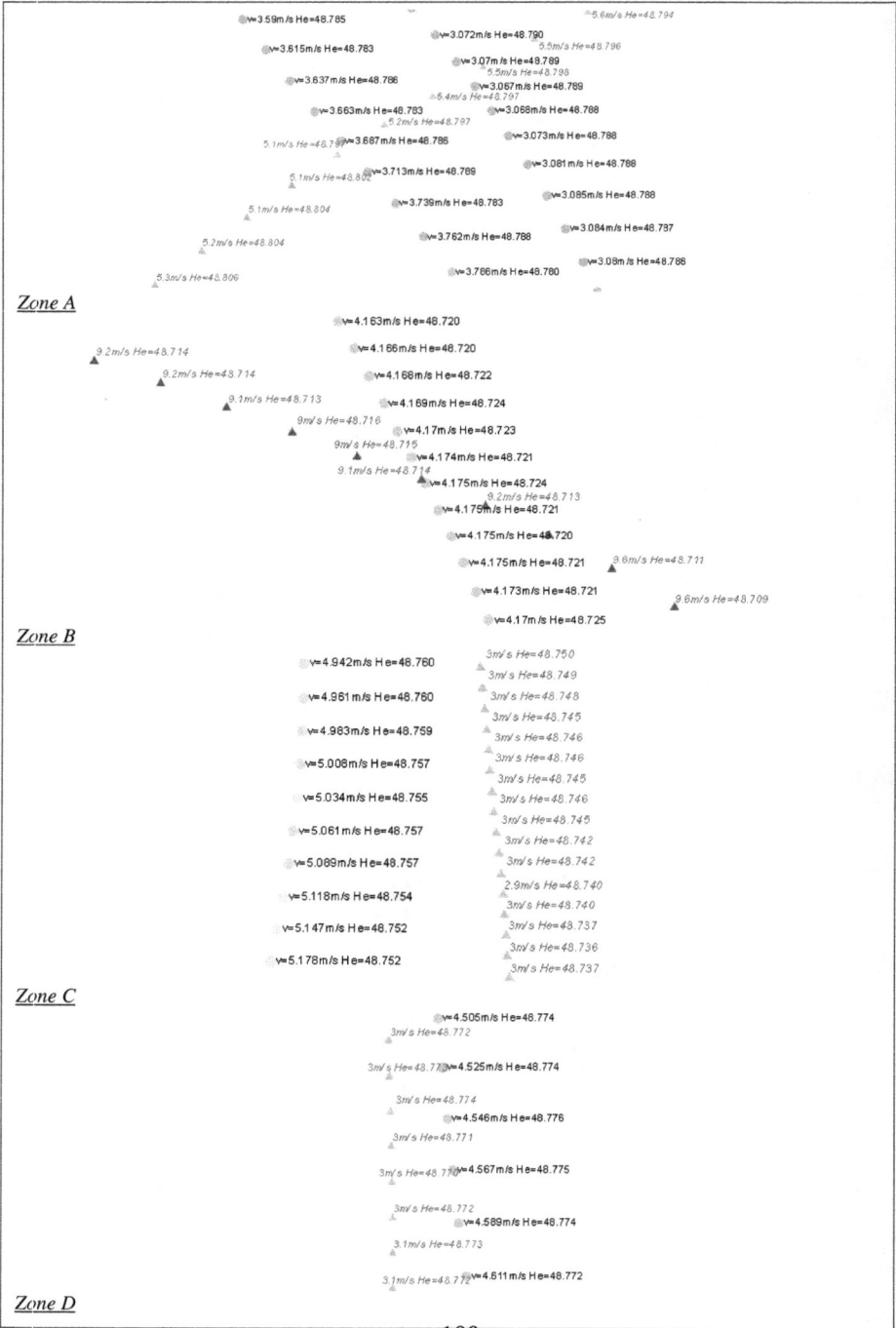

v=3.59m/s He=48.785   5.6m/s He=48.794
v=3.072m/s He=48.790
v=3.615m/s He=48.783   5.5m/s He=48.796
v=3.07m/s He=48.789
5.5m/s He=48.796
v=3.637m/s He=48.786   v=3.067m/s He=48.789
5.4m/s He=48.797
v=3.663m/s He=48.783   v=3.068m/s He=48.788
5.2m/s He=48.797
5.1m/s He=48.799   v=3.687m/s He=48.786   v=3.073m/s He=48.788
5.1m/s He=48.802   v=3.713m/s He=48.789   v=3.081m/s He=48.788
5.1m/s He=48.804   v=3.739m/s He=48.783   v=3.085m/s He=48.788
5.2m/s He=48.804   v=3.762m/s He=48.788   v=3.084m/s He=48.787
5.3m/s He=48.806   v=3.786m/s He=48.780   v=3.08m/s He=48.786

Zone A

v=4.163m/s He=48.720
9.2m/s He=48.714   v=4.166m/s He=48.720
9.2m/s He=48.714   v=4.168m/s He=48.722
9.1m/s He=48.713   v=4.169m/s He=48.724
9m/s He=48.716   v=4.17m/s He=48.723
9m/s He=48.715   v=4.174m/s He=48.721
9.1m/s He=48.714   v=4.175m/s He=48.724
9.2m/s He=48.713
v=4.175m/s He=48.721
v=4.175m/s He=48.720
v=4.175m/s He=48.721   9.6m/s He=48.711
v=4.173m/s He=48.721
9.6m/s He=48.709
v=4.17m/s He=48.725

Zone B

v=4.942m/s He=48.760   3m/s He=48.750
3m/s He=48.749
v=4.961m/s He=48.760   3m/s He=48.748
3m/s He=48.745
v=4.983m/s He=48.759   3m/s He=48.746
v=5.008m/s He=48.757   3m/s He=48.746
3m/s He=48.745
v=5.034m/s He=48.755   3m/s He=48.746
3m/s He=48.745
v=5.061m/s He=48.757   3m/s He=48.742
v=5.089m/s He=48.757   3m/s He=48.742
2.9m/s He=48.740
v=5.118m/s He=48.754   3m/s He=48.740
3m/s He=48.737
v=5.147m/s He=48.752   3m/s He=48.736
v=5.178m/s He=48.752   3m/s He=48.737

Zone C

v=4.505m/s He=48.774
3m/s He=48.772
3m/s He=48.773   v=4.525m/s He=48.774
3m/s He=48.774
v=4.546m/s He=48.776
3m/s He=48.771
3m/s He=48.773   v=4.567m/s He=48.775
3m/s He=48.772   v=4.589m/s He=48.774
3.1m/s He=48.773
3.1m/s He=48.773   v=4.611m/s He=48.772

Zone D

Les zones 1,2,6 ont été naviguées sur des traces identiques orientées nord / sud mais en sens opposé (la zone 2_bis est située à l'emplacement de la zone A). La vitesse de déplacement était similaire au sein de chaque zone mais variant de 2 à 4 m/s entre les traces. Cela correspond à des déjaugeages variant de 75 cm à 1 m avec des différences pouvant atteindre jusqu'à 20 cm au sein de chaque trace, dû au sens de navigation (houle plutôt de face ou de dos).

Les zones 3 (est / ouest) et 5 (nord / sud) correspondent à des traces identiques sur des sens différents mais navigués à des vitesses différentes de 2 à 3 m/s au sein de chaque trace pour des différences déjaugeages de 30 cm approximativement.

La zone 4 présente un croisement entre deux traces, à des vitesses de l'ordre de 4 à 6 m/s avec une houle de ¾ face sur le trajet sud / nord et de ¾ dos sur celui est / ouest.

Les zones A, B, C présentent quant à elles des comparaisons entre des traces communes ou qui s'intersectent réalisées à des dates différentes. On y retrouve des conditions de configuration (vitesse, sens, état de mer, marée, etc…) différents.

On constate dans tous les cas de figure précités, une excellente stabilité des résultats puisque les écarts moyens s'échelonnent de -1,2 à 2 cm environ. L'écart moyen total étant proche de 0 cm. La table T.4 ci-dessous présente les statistiques calculées pour chacune des zones de croisement précitées : pour chaque position d'un trajet « aller » d'une zone, le point le plus proche du trajet « retour » (ou du trajet de « croisement ») a été recherché et l'écart des valeurs du niveau de l'eau calculée pour permettre de réaliser une synthèse statistique.

Zone	Nombre de positions exploitées	Distance entre les positions « aller » et « retour » (en m)			Ecart du niveau de l'eau entre les positions « aller » et « retour » (en cm)			
		Moyenne	Min	Max	Moyenne	Min	Max	Ecart Type
1	132	18,49	0,88	28,82	-1,96	-3,9	0,2	0,99
2	296	36,64	1,00	77,38	1,27	-1,0	3,1	0,85
2 bis	289	33,40	0,85	80,69	0,26	-2,0	2,4	1,05
3	256	13,74	0,62	34,81	0,27	-3,9	3,4	1,61
4	271	53,29	1,20	98,15	-0,17	-2,2	1,7	0,91
5	80	114,00	92,09	132,40	0,56	-1,2	3,8	1,70
6	88	13,19	0,67	21,00	0,23	-0,7	1,4	0,55
A	13	12,10	1,20	28,96	0,94	-0,1	2,0	0,71
B	48	33,75	0,89	75,47	1,13	0,4	2,4	0,47
C	83	53,21	24,97	91,60	-1,19	-0,2	0,4	0,46
D	8	5,26	4,47	6,21	-0,22	-0,5	0	0,18
Totalité	1564	36,18	0,62	132,40	-0,06	-3,9	3,8	1,38

Table T.4 : Synthèse statistique sur la qualité des résultats obtenus sur les zones de croisement.

III.4 – CONSTITUTION ET ANALYSE DU GEOÏDE MARIN

A partir des valeurs du niveau de la mer constituées pour chacun des points observés, on peut par interpolation créer un modèle numérique représentant le géoïde local sur l'étendue du territoire couvert par les points générateurs du modèle

III.4.1 – Modélisation par interpolation

Comme on l'avait fait au chapitre 3 pour la constitution du modèle de quasi-géoïde terrestre, on a utilisé les trois mêmes méthodes d'interpolation (Delaunay, krigeage, polynôme local d'ordre 2).
La répartition spatiale des sites observés est très différente dans le cas de la partie marine, car elle correspond à une méthode d'acquisition de données différente et à des contraintes liées au milieu qui sont également différentes : les paramètres utilisés pour les méthodes d'interpolation sont donc différents tout comme l'aspect des résultats obtenus, comme on le verra ci-après.

Le pas d'interpolation a lui été fixé comme précédemment, en latitude ainsi qu'en longitude à 5.10^{-4} degrés.

III.4.2 – Interpolation par la méthode de Delaunay

La figure F.52 présente le résultat de l'interpolation par la méthode de Delaunay. Ce modèle présente une continuité logique de la pente du géoïde dans la même direction que celle de la composante terrestre mais avec une variation locale plus importante (les courbes de niveaux sont moins parallèles). Ceci peut s'expliquer par le fait que les mesures réalisées lors de la navigation sont très rapprochées, et malgré le filtrage réalisé par la moyenne mobile, on peut considérer que l'on accède à une résolution plus importante sur la trace du bateau et donc à davantage d'information concernant les variations à très courte longueur d'onde du géoïde. On reste limité par l'espacement des traces d'observation, et il aurait été intéressant de les resserrer davantage, ce qui pourrait être réalisé aux cours de campagnes complémentaires.

Concernant l'estimation des erreurs d'interpolation, il n'est pas utile ici de réaliser une validation croisée. En effet, les points d'observation étant très rapprochés les uns des autres le long des traces naviguées, les points proches comportent des différences très faibles et une corrélation croisée par la méthode « one leave out », apporterait obligatoirement une estimation de l'erreur d'interpolation très faible. Il serait nécessaire de supprimer tout une trace (bloc) pour estimer les erreurs de manière fiable : cependant l'espacement entre les traces de navigation étant déjà relativement important, l'estimation de l'erreur ne serait alors pas significative car surestimée.

Les estimations d'erreurs par validation croisée « one leave out » ne seront donc pas utilisées sur les interpolations des observations réalisées en mer. Néanmoins, s'agissant d'une interpolation par triangulation, l'erreur reste encadrée, et les écarts significatifs ne proviendraient principalement que de variations locales du géoïde qui n'auraient donc pas été mesurées.

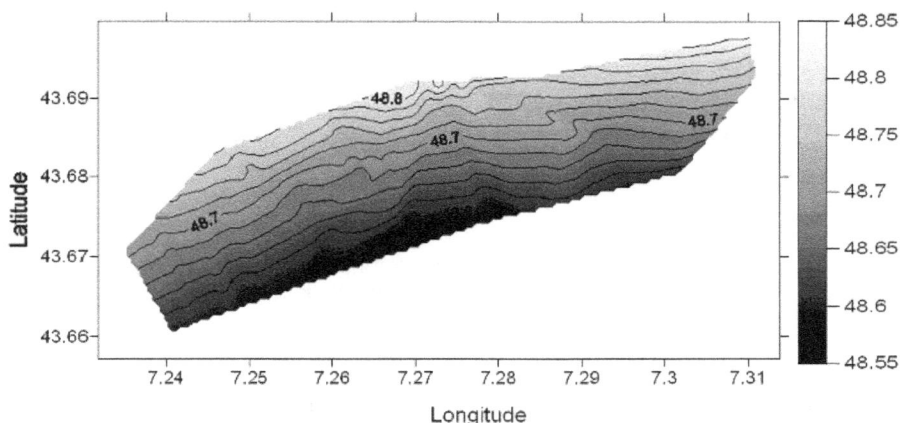

Figure F.52 : Modèle de géoïde (unité : mètre) obtenu par interpolation de Delaunay

Il serait intéressant de réaliser quelques campagnes de mesures supplémentaires qui pourraient être exploitées pour valider avec garantie les interpolations réalisées. Cependant, le choix de réaliser des modèles en mettant en œuvre des méthodes d'interpolation différentes permet justement de comparer les interpolations entre elles et d'identifier certains éventuels défauts de précision anormalement importants et uniquement inhérents à la méthode d'interpolation utilisée. Pour ce faire les trois modèles correspondant aux trois méthodes d'interpolation ont été moyennés entre eux afin de générer la surface de référence que l'on a comparée systématiquement à chaque modèle individuel. Cette surface moyenne est donc limitée géographiquement à l'intersection spatiale des 3 modèles, c'est-à-dire en réalité à l'enveloppe convexe des sites observés et égale à celle obtenue par la triangulation de Delaunay.

C'est le résultat de cette comparaison qui est présenté à travers la figure F.53 ci-dessous.

On peut constater qu'aucune faute grossière ne transparaît. Tous les écarts constatés sont compris entre -2,30 cm et 1,45 cm la moyenne étant de -0,09 cm et l'écart type de 0,43 cm.

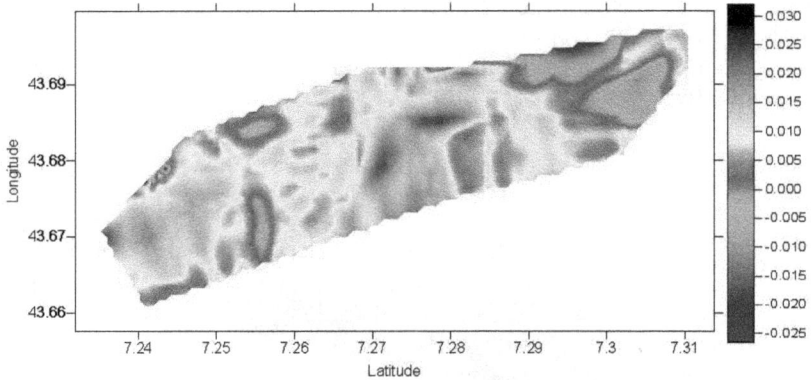

Figure F.53 : Comparaison (en m) du modèle issu de l'interpolation de Delaunay avec la moyenne des 3 modèles d'interpolation.

III.4.3 – Interpolation par régression polynomiale locale d'ordre 2

La figure F.54 ci-dessous présente le modèle de géoïde obtenu par régression polynomiale locale d'ordre 2.

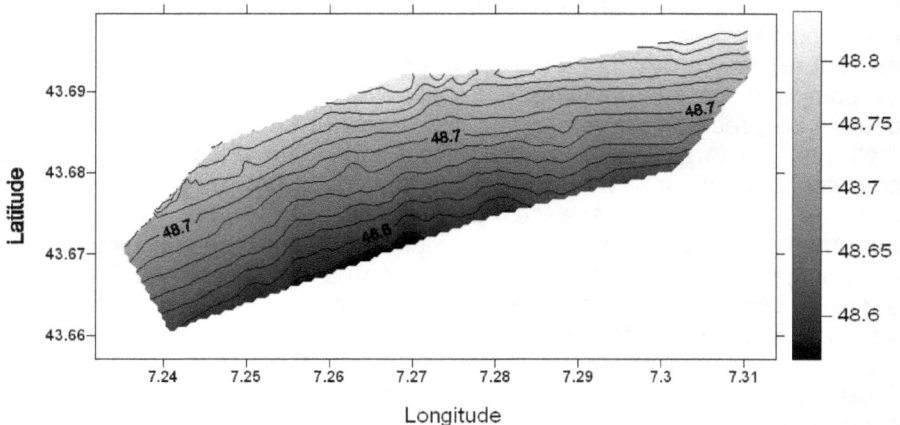

Figure F.54 : Modèle de géoïde (unité : mètre) obtenu par régression locale par polynôme d'ordre 2

104

Les écarts constatés avec la moyenne des trois modèles, tel qu'illustré dans la figure F.55 ci-dessous, comporte une valeur moyenne de -0,15 cm. Les valeurs extrêmes que l'on retrouve uniquement en deux petites zones situées en bordure de la modélisation sont de -3,9 cm et +3,2 cm, tandis que l'écart type constaté est de 0, 47 cm.

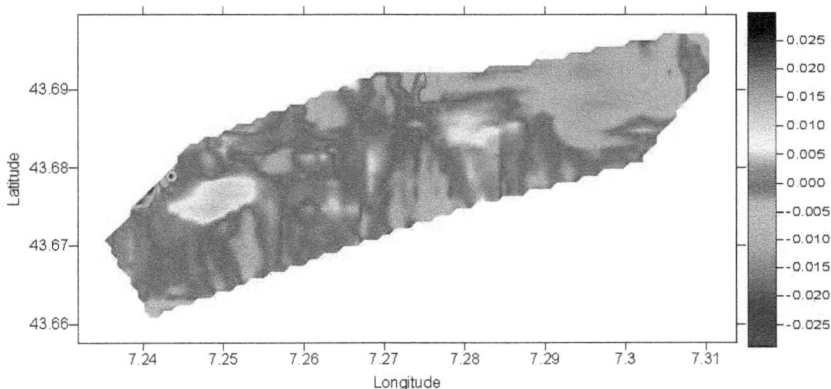

Figure F.55 : Comparaison (en m) du modèle issu de l'interpolation par régression locale par polynôme d'ordre 2 avec la moyenne des 3 modèles d'interpolation.

III.4.4 – Interpolation par la méthode de krigeage

Dans le cas de la méthode d'interpolation par krigeage, on intègrera comme dans le chapitre précédent une tendance linéaire. Le variogramme sera ici calculé sur une distance inférieure à la moitié de la distance maximale entre deux points : en effet, on peut considérer que la modélisation par krigeage dans notre cas n'est pas simple car les observations sont réparties de manières fort inhomogènes avec une très forte proximité le long des traces de navigation et une à contrario une inter-distance entre les traces relativement grandes et de l'ordre de 0,01°. Aussi après différentes simulation, la distance maximale pour le calcul du semi variogramme a été fixée à 0.02°. Disposant d'un volume important de points de mesure, le pas a été fixé à 0,001°. La figure F.56 présente le semi variogramme expérimental observé, qui présente une anisotropie. On remarquera la présence d'un palier à une distance comprise entre 0,6° et 1,2° dénotant une très forte baisse de la corrélation spatiale et découlant probablement à l'influence de l'inter-distance entre les traces qui induit une structuration spatiale particulière. L'ensemble restant modélisé au mieux par un modèle linéaire comportant un petit effet pépite qui indique que le processus a une petite irrégularité au niveau des variations locales qui pourraient notamment s'expliquer par une

105

légère instabilité due aux différentes conditions d'état de mer et de navigation rencontrés au cours des différentes campagnes.

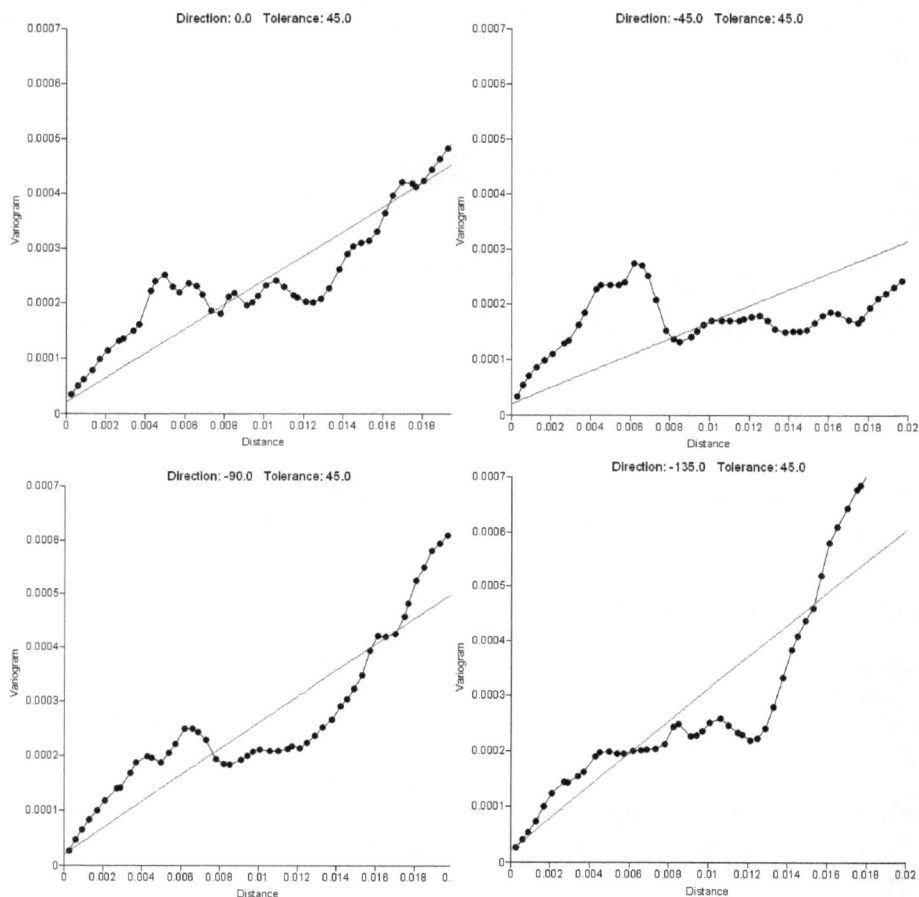

Figure F.46 : semi variogramme expérimental et sa modélisation linéaire correspondante, représentés pour les directions trigonométriques 0°, -45°, 90° et -135°

On aboutit finalement au modèle représenté par la figure F.57 ci-dessous ainsi qu'aux estimations d'erreurs associées (figure F.58) : celles-ci sont estimées en moyenne à 1,23 cm avec un minimum de 0,45 cm, un maximum de 2,88 cm et présentent un écart type de 0,51 cm.

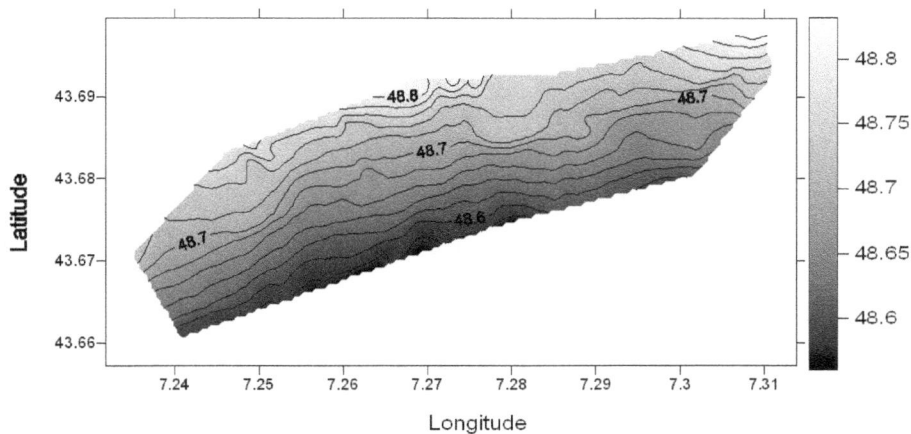

Figure F.57 : Modèle de géoïde obtenu par krigeage

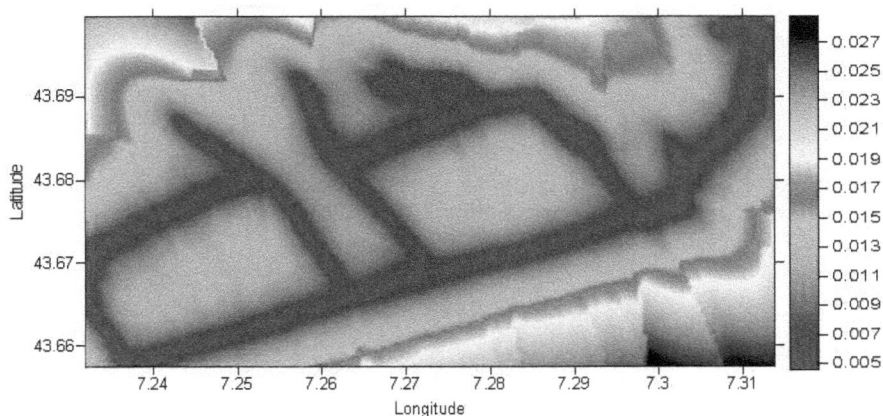

Figure F.58 : Estimation de l'erreur (en m) associée à l'interpolation par krigeage et obtenue directement par la modélisation

On identifie clairement les traces de navigation avec une erreur estimée qui croit rapidement dès lors que l'on s'écarte d'une trace et que l'on ne reste pas dans une zone « encadrée » par d'autres traces.

Cette estimation des erreurs est plutôt optimiste et on la comparera à celle obtenue via la différence du modèle de krigeage avec la moyenne des trois modèles (figure F.59) pour laquelle on trouve un écart moyen de 0,24 cm et un écart type de 0,81 cm, les valeurs restant comprises entre -2,6 cm et +3,2 cm.

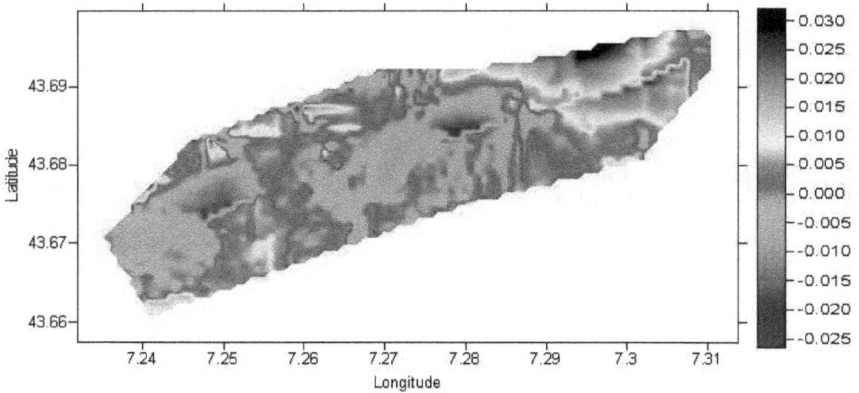

Figure F.59 : Comparaison (en m) du modèle issu de l'interpolation par krigeage avec la moyenne des 3 modèles d'interpolation.

On constate finalement que ces trois modèles sont globalement comparables et l'interpolation présente une qualité compatible avec la précision des données.

De la même manière qu'au chapitre 3, on peut comparer nos modèles obtenus en mer avec grille de conversion altimétrique.

III.4.5 – Comparaison des modèles avec la grille RAF98

On pourra constater sur la table T.5 ci-dessous que RAF98 semble présenter un biais de l'ordre de 2 cm avec nos modèles de géoïdes locaux. On notera que ce biais est dans le même sens et du même ordre de grandeur que celui que l'on avait trouvé au chapitre 3 sur la composante terrestre.

	A RAF98-QGLN_Del.	B RAF98-QGLN_krig.	C RAF98-QGLN_pol2
Moyenne	-0.019	-0.016	-0.020
Ecart type	0.021	0.018	0.021
Max	0.024	0.030	0.022
Min	-0.092	-0.098	-0.102

Table T.5 : Statistiques (unité : mètre) obtenues concernant les trois matrices A, B, et C calculées

Les raisons évoquées alors peuvent également être reprises ici. Par ailleurs, il faut préciser que le modèle RAF98 est adapté à la partie terrestre de la côte et non prévu pour une exploitation maritime.

La figure F.60 ci-dessous image les écarts existants entre RAF98 et le modèle de géoïde local obtenu par interpolation polynomiale. On remarque que les différences importantes existent principalement en bordure de notre modèle à proximité immédiate des côtes, là où la pente du géoïde est la plus forte mais également là où ont cours des phénomènes côtiers : ces derniers pouvant avoir un impact considérable sur la topographie dynamique, et sur la valeur du niveau moyen de l'eau. D'ailleurs ce fait semble confirmé lorsque l'on examine les valeurs ponctuelles du niveau moyen de la mer obtenues dans la rade de Villefranche sur Mer.

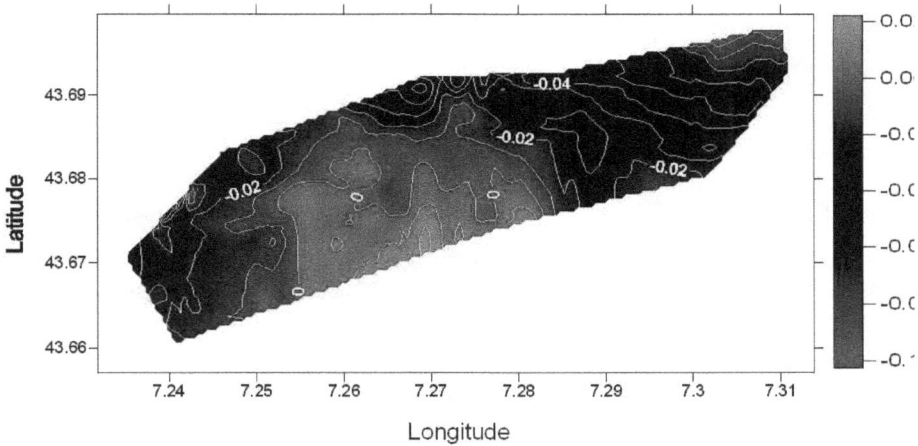

Figure F.60 : Ecart (en m) entre RAF98 et le modèle de géoïde obtenu par interpolation polynomiale

On y atteint aussi des écarts de 10 cm avec RAF98 : cette rade présente une topographie sous marine variant très fortement (de 0 à 100 m environ au plus profond de la rade) qui peut expliquer des variations locales du géoïde qui ne peuvent pas être transcrites par le modèle RAF98, d'une résolution insuffisante, ou bien, qui peuvent être liées aux impacts de phénomènes côtiers sur le niveau de l'eau.

La Figure F.61 ci-dessous illustre ces écarts, qui ont été identifiés et quantifiés de manières identiques à l'occasion des deux campagnes de mesures réalisées sur cette zone.

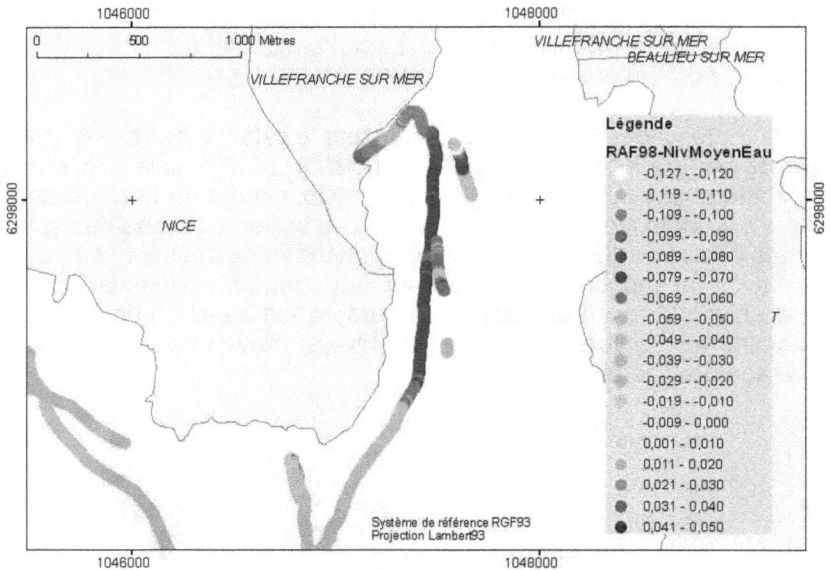

VILLEFRANCHE SUR MER
BEAULIEU SUR MER

VILLEFRANCHE SUR MER

Légende

RAF98-NivMoyenEau

-0,127 - -0,120
-0,119 - -0,110
-0,109 - -0,100
-0,099 - -0,090
-0,089 - -0,080
-0,079 - -0,070
-0,069 - -0,060
-0,059 - -0,050   T
-0,049 - -0,040
-0,039 - -0,030
-0,029 - -0,020
-0,019 - -0,010
-0,009 - 0,000
0,001 - 0,010
0,011 - 0,020
0,021 - 0,030
0,031 - 0,040
0,041 - 0,050

Système de référence RGF93
Projection Lambert93

Figure F.61 : Ecarts ponctuels (en m) constatés entre RAF98 et les valeurs du niveau moyen de l'eau obtenues dans la rade de Villefranche sur Mer

Il serait particulièrement intéressant de réaliser une ou plusieurs campagnes spécifiques visant à modéliser le niveau de l'eau et par voie de conséquence le géoïde local dans la rade de Villefranche sur Mer et d'identifier ensuite certains phénomènes côtiers en extrayant de la topographie dynamique la composante due au géoïde modélisé.

Finalement, on pourra conclure en disant que ces modèles marins présentent tout de même un très bon accord avec RAF98, puisque au-delà du léger biais enregistré, l'écart type centimétrique semble n'être dû qu'au bruit des mesures, et les valeurs minimales et maximales se situent principalement en bordure de zone de nos modèles.

IV. CONSTITUTION DU MODELE GLOBAL DE QUASI-GEOÏDE CÔTIER

En conclusion, on réalisera ici le modèle de quasi-géoïde côtier, s'étendant sur les parties terrestres et marine, résultant de l'ensemble des observations réalisées et on présentera les remarques et perspectives qui découlent de la présente expérimentation.

IV.1 – Raccordement des modèles terrestre et marin

Les modèles précédents ont permis de valider, d'une part la qualité des mesures réalisées, d'autre part les trois méthodes d'interpolation utilisées sur les observations provenant des deux milieux mesurés. En ce qui concerne la modélisation globale du quasi-géoïde côtier, on ne présentera donc ici qu'une seule modélisation, celle obtenue par une interpolation de Delaunay : l'objectif n'étant pas de réaliser une étude comparative des différentes méthodes d'interpolation, mais de présenter une modélisation fiable et validée.

Il convient auparavant de se pencher sur l'interface entre le milieu terrestre et le milieu marin, et sur l'assemblage des mesures issues des deux types de campagnes qui correspondent à des méthodes de traitement et d'acquisition différentes.

En examinant les mesures marines proches de la côte et en les comparant aux mesures terrestres correspondantes on constate des écarts de l'ordre de +3 à +5 cm entre les cotes ponctuelles des deux quasi-géoïdes réalisés. Cet écart se constate également si l'on juxtapose les deux types de modélisation comme l'illustre la figure F.62 ci-dessous, générée à partir de la différence entre les modèles terrestre et marin obtenus par la méthode de Delaunay :

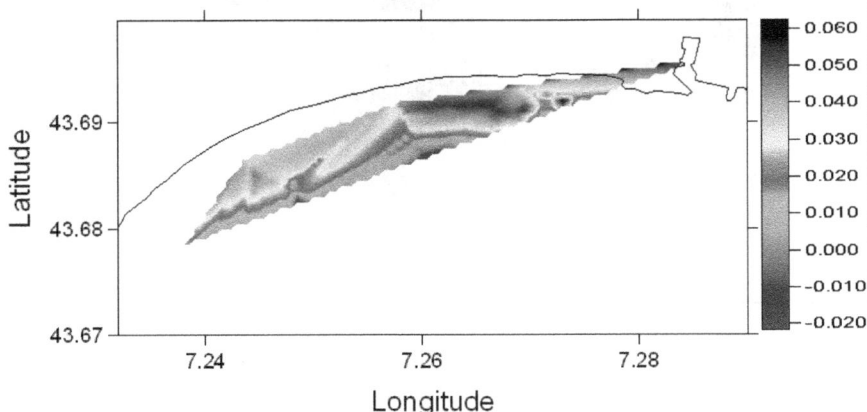

Figure F.62 : Ecarts exprimés en mètres et calculés sur la zone de superposition entre les modèles de quasi-géoïde locaux réalisés sur terre et en mer par la méthode d'interpolation de Delaunay : écart = (modèle marin – modèle terrestre)

Ce problème de raccordement avait déjà été entrevu précédemment : on avait dénoté un écart avec la grille de référence altimétrique RAF98, d'autant plus grand que l'on se rapprochait des côtes.

Il semble donc que nous ayons affaire à des phénomènes océaniques côtiers tels des upwelling ou des courants, ou bien à des phénomènes dus à la très forte variation de la topographie sous marine qui passe, en l'espace de quelques centaines de mètres de plus de 300 m de profondeur à 0 m. C'est probablement ce type de phénomène qui doit transparaître de manière encore plus importante dans la rade de Villefranche sur Mer.

IV.2 – Le modèle de quasi-géoïde côtier

Nous présentons tout de même le modèle de quasi-géoïde côtier local généré à partir de l'ensemble des mesures via une interpolation par triangulation de Delaunay.

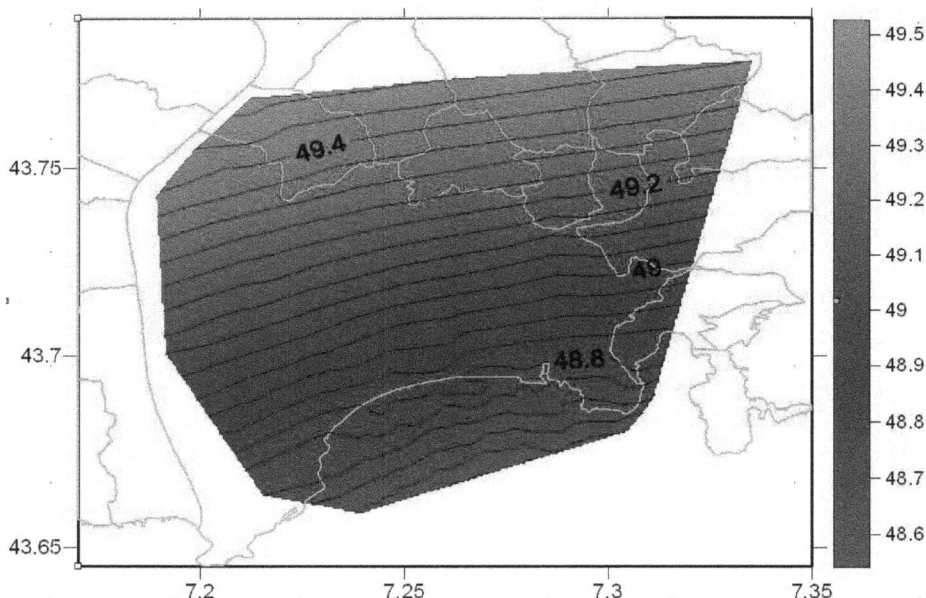

Figure F.63 : modèle de quasi-géoïde local côtier réalisé sur la zone Niçoise.

La méthode de krigeage, ne paraît pas particulièrement adaptée à une interpolation globale sur la totalité de la zone d'étude, car les procédures liées aux mesures réalisées présentent une très importante différence concernant la structure des répartitions spatiales des points marins et terrestres observés. Il serait plus opportun dans le cas du krigeage de réaliser un assemblage des deux composantes obtenues par cette méthode d'interpolation plutôt que d'interpoler directement l'ensemble des observations.

En l'état, et en l'absence de mesures, analyses, et modélisations complémentaires, on admet que le modèle de quasi-géoïde local réalisé présente une moins bonne qualité dans la zone d'interface entre les deux milieux. La figure F.63 ci-dessus affiche une illustration du quasi-géoïde local côtier réalisé.

Ce modèle, entièrement déterminé par GNSS et nivellement direct sur terre ou télémétrie à ultrason sur mer, et s'appuyant sur le marégraphe de Nice, correspond donc bien à l'objectif initial fixé. Sa précision de l'ordre 2 cm, sauf en zone d'interface, où elle se dégrade à environ 5 cm, est compatible avec les modèles de quasi-géoïdes existants, et semble même présenter une précision supérieure.

IV.3 – Avantages et limitations des techniques de mesure mises en oeuvre

La rapidité avec laquelle les observations en mer ont été réalisées est un facteur à prendre en considération, même si la zone d'étude conserve une étendue limitée. Les observations terrestres, elles, restent relativement lourdes à cause de l'utilisation de techniques de nivellement direct. Pour les observations réalisées par GNSS en mode statique, des tests de comparaisons conduits ultérieurement sur tous les points observés, en mesures de type « Real Time Kinématic », à la seconde, et moyennées sur quelques minutes ont démontré que l'on pouvait atteindre une précision légèrement inférieure (environ 2 cm sur la hauteur ellipsoïdale si l'on se limite à une distance d'une vingtaine de kilomètres du pivot) en bénéficiant d'un gain colossal sur la durée de la campagne d'observation terrestre. Bien entendu ce mode opératoire temps réel ne pourrait s'appliquer à de plus grandes distances d'éloignement du pivot et en limiterait donc la portée.

Au delà du fait peu fréquent de déterminer entièrement par GNSS un modèle de quasi-géoïde côtier, un élément particulièrement intéressant et très innovant de cette expérimentation est le développement de la technique de mesure en mer, associant GNSS et télémétrie par ultrason. Sa mise au point s'est révélée relativement simple, tout comme sa mise en œuvre. La qualité et la fiabilité des résultats obtenus a pu être quantifiée à l'aide des redondances de données, dans des configurations temporelles et spatiales différentes, ainsi que dans des conditions de mer et de navigations distinctes. Les résultats sont vraiment très satisfaisants et incitent à exploiter cette nouvelle technique dans de plus amples campagnes ou projets d'envergure.

En mer, l'exploitation du mode cinématique (post traitement ou temps réel) dans le calcul des positions par GNSS, s'est effectué à proximité immédiate de la côte et donc de la station GNSS permanente de référence. Comme indiqué ci-dessus, la qualité des mesures réalisées diminuerait avec une distance d'éloignement beaucoup plus importante. Cependant en restant dans une zone de 10 à 20 miles nautiques des côtes, la qualité des résultats que l'on obtiendrait permettraient très certainement d'identifier les nombreux phénomènes océaniques qui y ont cours.

Nous avons ici exploité les données du marégraphe de Nice, situé à proximité immédiate de la zone d'étude pour corriger les effets atmosphériques et certains effets de variations du niveau de l'eau (marée, effet stérique, …). Nous avons donc bénéficié de cette infrastructure qui a grandement simplifié certains aspects de la présente étude.

De même, la proximité immédiate de la station permanente GNSS, raccrochée à la côte et dont la position a été déterminée par l'Institut Géographique National, a permis de nous affranchir de nombreuses contraintes, comme la correction de la marée terrestre ou la surcharge océanique.

V.3 – PERSPECTIVES

La présente étude offre donc de nombreuses perspectives.

Au niveau des techniques employées, la méthode de détermination du niveau de l'eau associant GNSS et télémétrie par ultrason, devrait pouvoir être exploitée, confortée, et comparée à différentes techniques de mesures, dans le cadre d'autres expérimentations de plus grandes envergures, dans des conditions de mer et d'éloignement plus variées encore.

En ce qui concerne le modèle de quasi-géoïde terrestre local généré, cette première version, peut être améliorée en réalisant des mesures complémentaires avec un maillage resserré, et en résolvant le problème liée à la remontée du niveau de l'eau à proximité immédiate des côtes (entre 0 et 500 m du bord environ, dans notre cas) par des études, analyses et modélisations complémentaires.

D'une manière plus générale cette technique peut efficacement contribuer à identifier et quantifier précisément différents processus océaniques affectant le niveau de l'eau, et à obtenir également des informations sur leur variabilité si des observations sont répétées dans le temps.

Enfin, la capacité liée à cette technique, de réaliser très rapidement et avec précision, des quasi-géoïdes côtiers, ou même uniquement des observations précises et rapides de la topographie dynamique de la mer, pourrait être exploitée dans le cadre de calibrations d'altimètres et de modèles de géoïdes en découlant, ou bien servir d'élément de comparaison avec des modèles obtenus à partir de missions de gravimétrie aéroportée.

ANNEXE 1

LES TECHNIQUES D'INTERPOLATION UTILISEES

I - Méthode d'interpolation par triangulation de Delaunay

Il s'agit d'une méthode barycentrique d'interpolation par partitionnement de l'espace (Ripley, 1981) en triangles dont les sommets sont les sites d'observations. Différents critères existent pour déterminer les sommets appartenant à un même triangle. Dans le cas de l'interpolation de Delaunay, cela repose sur un partitionnement de l'espace par polygones de Thiessen. Chaque polygone *i* de Thiessen étant défini comme étant la région polygonale dans laquelle chaque point est le plus proche du site d'observation *i* correspondant que de tout autre site.

Les sites d'observation ayant un côté de leurs polygones de Thiessen en commun sont reliés par une droite, formant la triangulation (figure F.64). Ainsi, à partir de ce partitionnement de l'espace en triangles, l'interpolation est réalisée en y appuyant pour chaque triangle une surface d'interpolation, le plus souvent polynomiale. Dans notre cas, eu égard à la dimension de chaque triangle au regard de la variation du quasi-géoïde, et au bruit des mesures GNSSS, on a opté pour une interpolation linéaire : des plans ou facettes, sont donc ajustés dans chacun des triangles.

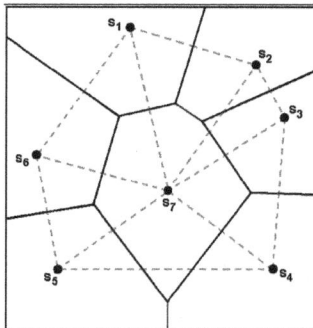

Figure F.64 : Triangulation de Delaunay pour les sites s_1 à s_7 (traits en pointillés) et en traits continus les polygones de Thiessen correspondants *(Baillargeon, 2005)*.

116

Cette méthode a l'avantage d'être locale et exacte, c'est-à-dire qu'elle n'utilise dans le processus d'interpolation que les observations réalisées à proximité du point dont on recherche la valeur, et les valeurs prédites aux points d'observations sont égales aux valeurs réellement observées.

Géométriquement, on peut déterminer la valeur en s_0 , tel qu'illustré à travers la figure F.65 ci-dessous, comme étant égale à
$$[a_1 \, z(s1)+a_6 \, z(s6)+a_7 z(s7)] \,/\, [a_1+a_6+a_7],$$
    où a_1, a_6, a_7 représentent les aires des triangles A_1, A_6, A_7
    et $z(s_i)$ sont les valeurs régionalisées observées de la variable régionalisée z.

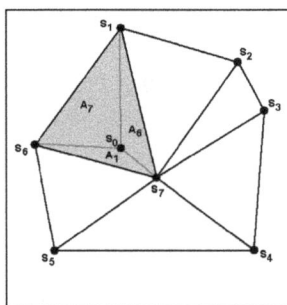

Figure F.65 : Illustration du calcul de la valeur prédite en s_0 par la méthode de l'interpolation linéaire de Delaunay *(Baillargeon, 2005)*.

La méthode d'interpolation linéaire de Delaunay présente cependant l'inconvénient d'avoir des ruptures de pente aux interfaces entre les différentes facettes qui constituent l'interpolation, mais elle reste cependant une bonne référence car elle constitue d'une interpolation linéaire locale et exacte.

II - Méthode d'interpolation par régression polynômiale locale d'ordre 2

La méthode d'interpolation par régression polynômiale classique permet de réaliser une interpolation en ajustant une surface aux valeurs régionalisées observées. Si l'on considère cette méthode comme stochastique, cela signifie que l'on considère dans notre cas la variable régionalisée comme une variable aléatoire Z telle que :

$$Z(s) = f(s) + \varepsilon(s)$$

Où

f est la structure déterministe représentant le modèle de quasi-géoïde local terrestre

ε est la variable aléatoire représentant les erreurs de mesures, d'espérance nulle, de variance homogène et ne présentant pas de dépendance spatiale.

La fonction $f(s)$ peut prendre, comme dans notre cas, la forme d'un polynôme de degré 2 des coordonnées x et y. On a alors :

$$f(x, y) = a + bx + cy + dxy + e x^2 + fy^2$$

Les coefficients sont ajustés de manière à minimiser l'erreur par une méthode d'estimation telle celle des moindres carrés. On doit alors minimiser :

$$\Sigma_{i=1 \, \text{à} \, n} \, [\check{Z}(s_i) - Z(s_i)]^2$$

où

$\check{Z}(s_i)$ est la valeur prédite en s_i

et $Z(s_i)$ est la valeur observée en s_i

L'emploi de la méthode des moindres carrés peut rendre superflue la modélisation stochastique de la variable aléatoire, ce qui peut permettre de considérer cette méthode de régression polynomiale comme déterministe (Burrough et Mc Donnell, 1998).

Cependant cette interpolation par régression polynomiale classique présente l'inconvénient d'être globale et approximative puisque qu'elle considère l'ensemble du champ d'observation, et ainsi, les valeurs éloignées du point à estimer vont influer avec le même poids que les observations proches du point sur lequel porte la prévision. De plus étant donné qu'il s'agit d'une estimation par minimisation de l'erreur, les valeurs prédites en des sites mesurés seront différentes des observations réalisées. Afin de minimiser cela, on peut réaliser une interpolation par régression locale, toujours par polynôme d'ordre 2 par exemple. Dans ce cas l'estimation de jeux de coefficients à déterminer est soit réalisée à l'intérieur d'une zone proche de chaque site à prédire, soit pondérée de sorte que chaque site du champ total d'observation ait un poids d'autant plus faible qu'il est éloigné du lieu de la prédiction.

Dans notre cas, on paramètrera une ellipse comme zone de prise en compte des observations pour un site de prédiction donné.

III - Méthode d'interpolation par krigeage

Cette méthode issue du domaine de la prospection minière a été initiée par Krige (1951) et formalisée par Matheron (1962). On présentera ici rapidement les principales caractéristiques de cette méthode, pour des présentations plus formelles et détaillées, on pourra consulter la nombreuse littérature qui lui est consacrée. Le krigeage considère tout d'abord que la prévision $\check{Z}(s_0)$ est une combinaison linéaire des données observées $Z(s_i)$ tout comme dans les modèles barycentriques :

$$\check{Z}(s_0) = a + \Sigma_i \, \lambda_i \, Z(s_i)$$

Mais les données observées sont ici considérées comme issues d'une fonction aléatoire qui peut être représentée par le modèle stochastique suivant :

où :
$$Z(s) = F(s) + \varepsilon(s)$$

$F(s)$ est un modèle déterministe global de régression, généralement appelé « tendance »

et

$\varepsilon(s)$ est un processus aléatoire muni d'hypothèses statistiques, de corrélation spatiale représentant les fluctuations et fonction de la distance entre les points.

L'estimation ne doit pas être biaisée, de sorte que $E \, [\, \check{Z}(s_0) - Z(s_0) \,] = 0$, et l'on recherche les λ_i pour chaque point à estimer, en minimisant la variance de l'erreur entre le prédicteur linéaire $\check{Z}(s_0)$ et $Z(s_0)$, soit en minimisant $Var [\, \check{Z}(s_0) - Z(s_0) \,]$.

Il est nécessaire de choisir la forme de la tendance, et préciser ainsi le type de krigeage utilisé.

Dans notre cas, on considère que le quasi-géoïde terrestre local présente une pente orientée nord sud et donc une tendance linéaire. On est alors dans le cas du krigeage universel où

$$F(s) = \beta_1 \, . \, f_1(s) + ... + \beta_p \, . \, f_p(s) = f(s)^T \, . \, \beta$$

Il est également nécessaire de déterminer la fonction aléatoire $\varepsilon(s)$. Elle est supposée d'espérance nulle et stationnaire. Comme elle n'est généralement pas connue, on détermine sa variabilité spatiale à partir d'une analyse des données observées. C'est l'analyse variographique qui identifie le variogramme expérimental à partir des données observées et le modélise de

manière continue par le choix d'une fonction adaptée (linéaire, sphérique, exponentielle, etc…).
La figure F.66 ci-dessous illustre un krigeage réalisé avec une régression polynomiale d'ordre 2, on y aperçoit directement l'application de la tendance sur laquelle vient s'ajouter l'expression de la modélisation du processus aléatoire de corrélation spatiale.

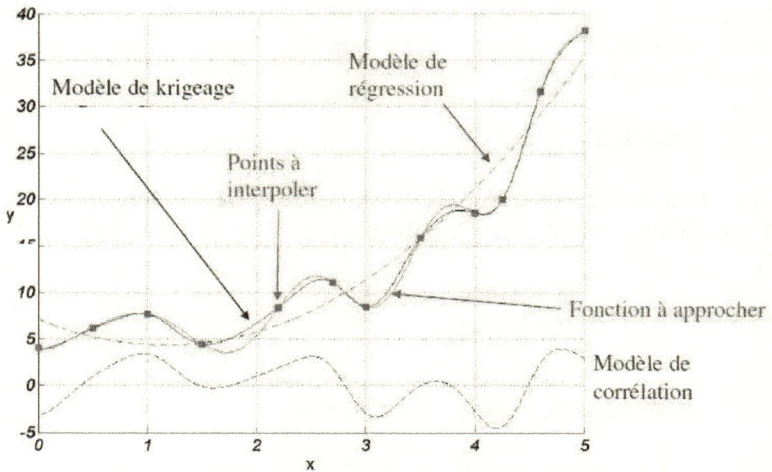

Figure F.66 : Illustration d'un krigeage universel avec utilisation d'une fonction polynomiale d'ordre 2 (Cohelo et al, 2007)

UNITE D'ACQUISITION PAR ULTRASON DE LA DISTANCE ENTRE L'ANTENNE GPS ET LA SURFACE DE LA MER

I – DISTANCEMETRE VERSION 1

Dans le cadre du développement de ce système de mesure de distances par ultrason, le recours à ces microcontrôleurs de type PIC (Microchip, AMTEL ou Motorola), aurait été particulièrement intéressant, de par le haut niveau de performance et d'intégration de fonctionnalités qu'offrent ces composants, mais également par le faible coût, la fiabilité, et les facilités d'interfaçage qu'ils présentent.

Cependant, l'infrastructure matérielle que requièrent ces composants ainsi que leurs spécificités de mise en œuvre et de programmation, ont orienté le choix sur une technologie mixte plus simple.

- d'un côté, une électronique classique limitée à la génération de l'onde, à sa détection, ainsi qu'au comptage du temps,
- de l'autre, l'exploitation d'un boîtier d'acquisition de données numériques et analogiques, pilotable depuis un ordinateur de type PC, par programmation logicielle.

La conception de l'unité de télémétrie s'articule en sept modules principaux (voir figure F.67 ci-après) :

1/ horloge à 40KHz
2/ émission de l'onde acoustique.
3/ détection de l'onde acoustique et arrêt du compteur de mesure du temps
4/ compteur de temps

5/ mesure de température de l'air
6/ module d'alimentation stabilisée du montage électronique.
7/ centrale de contrôle : synchronisation, déclenchement, acquisition, et corrections.

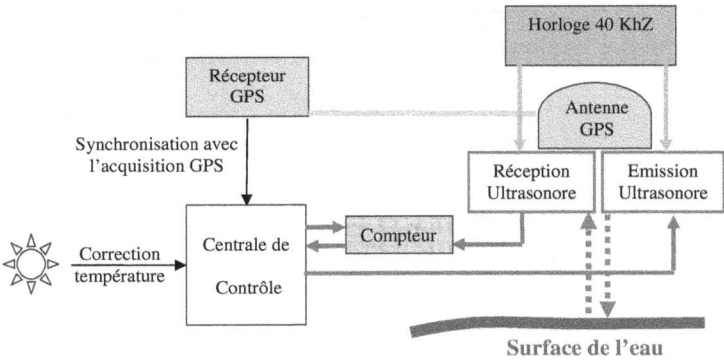

Figure F.67 : Représentation du principe de fonctionnement de l'unité d'acquisition de la distance entre l'antenne GNSS et la surface de l'eau

Tout le développement électronique a été d'abord réalisé sur des plaques à essai en utilisant multimètre digital et boîtier d'acquisition National Instrument USB6008. Chaque module, une fois ajusté et validé, a été retranscrit sur un circuit imprimé de développement.
La figure F.68 ci-dessous présente le circuit électronique mis au point.

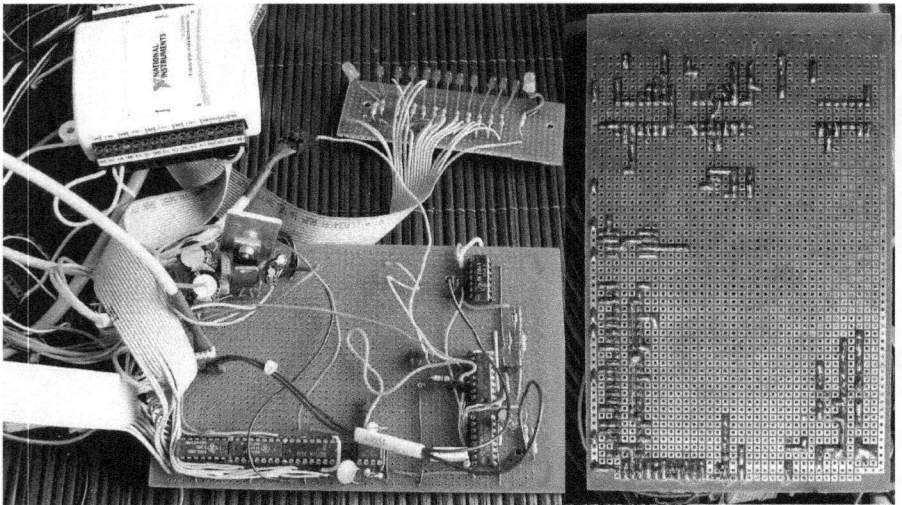

Figure F.68 : Le distancemètre ultrason pilotable par ordinateur

122

I.1 - Le module 1 : l'horloge à 40 KHz

Afin d'obtenir une précision accrue de la mesure de distance tout en simplifiant le montage électronique le choix s'est portée sur une cadence d'échantillonnage du temps, correspondant à la fréquence d'oscillation d'environ 40 KHz nécessaire à l'émetteur à ultrason, soit une période de 25 µs : cela permet d'utiliser le même oscillateur pour d'une part générer l'onde acoustique, et d'autre part, pour mesurer la durée de l'aller-retour de l'onde.

Le générateur de fréquence utilisé est un timer classique, le NE555, monté en astable (voir schéma F.69 ci-dessous) afin de lui permettre de rentrer en oscillation.

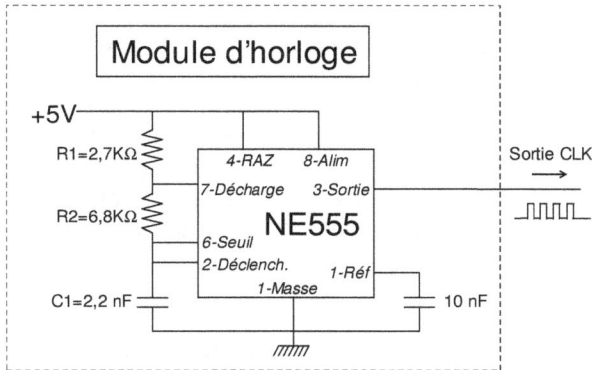

Figure F.69 : Schéma du module d'horloge basé sur un Timer NE555 monté en astable

Les périodes de charge (t1) et de décharges (t2) du condensateur externe dans les résistances (R1+R2) d'une part et R2, d'autre part, déterminées par les caractéristiques du NE555 sont égales à :

$$t1 = 0,693 \ (R1+R2) \ C1 = 0,693 \times 9500 \times 2,2.10^{-9} = 14,48 \ \mu s$$
$$t2 = 0,693 \ R2 \ C1 = 10,37 \ \mu s$$

Les composants externes ont été choisis en tenant compte de leur normalisation afin de fixer une fréquence d'oscillation proche de 40 KHz. Cela a conduit à un cycle de travail de 58% pour une fréquence de 40,231 KHz.

I.2 - Le module 2 : l'émission de l'onde acoustique

Un changement d'état de 1 à 0 envoyé par le boîtier d'acquisition de données de la centrale de contrôle (*CAq*), commande le déclenchement de la mesure (voir schéma électronique présenté en figure F.70). Cette commande d'acquisition *CAq* est également reliée à l'entrée Clear du compteur de temps. Le front descendant est reçu sur la gâchette A d'un monostable 74123 (entrée B et Clear toujours fixées à un état haut), dont les composants externes ont été calculés pour générer une impulsion d'une durée de 200 µs qui correspondra à la durée d'émission ultrasonore.

On pourra noter que la longueur du train d'onde correspondant étant de 6,6 cm environ, cela empêchera le fonctionnement du système pour des mesures de distances inférieures à une dizaine de centimètres (3,3 cm théoriquement). La sortie du 74123 est ensuite additionnée à la sortie de l'horloge constituée par le 555 : le résultat est donc un train d'horloge d'une durée de 200 µs. Ce train de signaux TTL ne délivre pas un courant et une tension suffisante pour commander directement l'émetteur à ultrason et le recours à un transistor monté en commutation s'imposait. Le choix s'est porté sur un classique BC547, polarisé via une résistance de 470 Ohms à la tension d'alimentation +12V. Le transducteur à ultrason est branché en parallèle sur cette résistance de 470 Ohms dont la valeur a été choisie pour permettre une adaptation d'impédance.

Avant le lancement de la mesure, l'état 1 de la commande d'acquisition *CAq* bloque à 0 (entrée Clear = R01 et R02) le compteur de temps. Le comptage est lancé, une fois que la commande de mesure *CAq* est passée à 0.

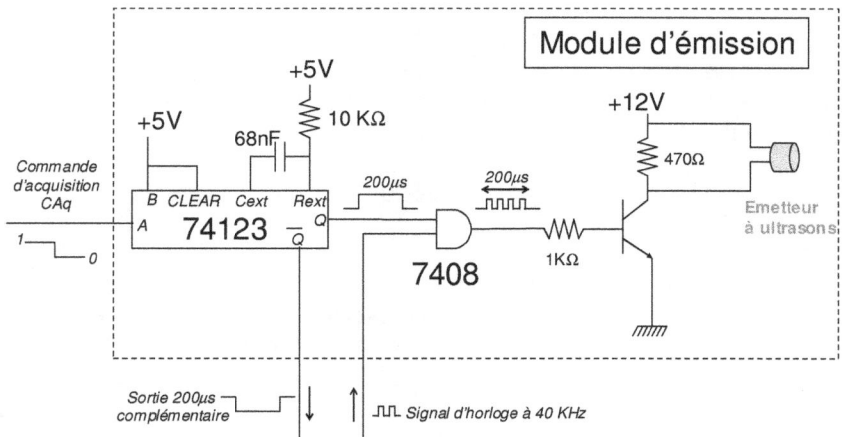

Figure F.70 : Schéma électronique du module d'émission ultrasonore

124

I.3 - Le module 3 : la détection de l'onde acoustique réfléchie, et l'arrêt du compteur de temps

L'onde réfléchie est reçue par le récepteur à ultrason qui est raccordé en parallèle sur une résistance de 10 KΩ afin d'assurer une adaptation d'impédance. Le signal est ensuite amplifié environ 500 fois par deux amplificateurs opérationnels TL074 montés en amplificateurs inverseurs et agissants comme filtre passe bande centré sur 40 KHz. Le condensateur de 1 µF placé en sortie de l'étage d'amplification permet de bloquer tout offset résiduel de tension et de ne laisser passer que la partie variable du signal. Une diode redresseuse est ensuite positionnée avant un élément RC dont la constante de temps a été choisie afin d'atténuer l'ondulation dans le but de délivrer un signal plus continu, tout en permettant une décharge rapide du condensateur.

Pour limiter la tension maximale de sortie entre +5+0,6 V et +5-0,6 V, deux diodes écréteuses 1N4148 sont ensuite positionnées, l'une reliée à la masse, l'autre reliée à la tension de +5 V.

On a maintenant, à ce stade, une tension de réception *TRec* d'environ +5 V lorsqu'une onde ultrasonore est reçue, et une tension nulle dans cas contraire. C'est cette tension qui va constituer la base de l'ordre d'arrêt du compteur.

Cependant, durant la phase d'émission du signal ultrasonore par le module d'émission, un signal pourra être détecté dans le module de réception par un effet de diaphonie entre l'émetteur et le récepteur. Aussi, il convient durant cette durée d'émission de l'onde, de ne pas permettre un arrêt du compteur. C'est la raison pour laquelle, la tension de réception *TRec* est additionnée par une porte ET (un 7408) à la sortie complémentaire du monostable 74123 générateur de l'impulsion de 200 µs.

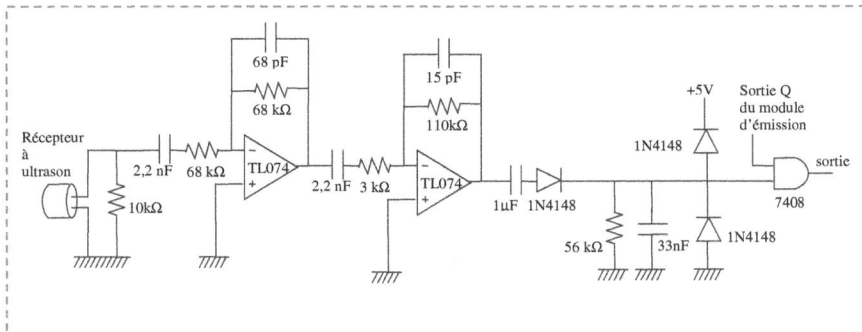

Figure F.71 : Schéma électronique du module de détection

125

Tout signal reçu en sortie de l'additionneur peut maintenant être considéré comme valide et doit permettre de bloquer le compteur. Aussi, le deuxième monostable du boîtier 74123 est exploité (entrée B) pour déclencher un signal de longue durée (entre 100 et 200 ms). Ce signal est prélevé sur la sortie complémentaire afin d'être à l'état haut avant la détection et à l'état bas à compter de la détection. Il est en fait additionné au signal d'horloge avant que celui-ci n'attaque les compteurs. L'entrée A du monostable doit toujours être reliée à l'état Bas, tandis que l'entrée Clear est quant à elle connectée à *CAq* après inversion par un 7404 : la remise à l'état haut avant une nouvelle commande d'acquisition de mesure, doit permettre de terminer tout pulse en cours et de bloquer tout éventuel déclenchement

I.4 - – Le module 4 : le compteur de temps

Il est constitué de 3 compteurs binaires à 4 bits 7493 montés en cascade. Le timer 555 fonctionnant à 40KHz présenté plus haut génère leur signal d'horloge. Ils permettent le comptage sur 12 bits, soit jusqu'à une valeur décimale de 8191, équivalente à une durée de 0,2048 seconde ou à une distance de 34 mètres environ (aller-retour de 67 mètres). Cela est largement supérieur aux capacités du système d'émission / réception qui sont d'environ 6 mètres, aussi, seul les 10 premiers bits seront utilisés et renvoyés vers la centrale de contrôle, ce qui autorisera une mesure maximale de distance de 8 mètres environ. La remise à zéro du compteur s'effectue par un état haut de commande d'acquisition *CAq* reliée aux entrées R01 et R02 simultanément. Le maintient à l'état haut de R01 et R02 empêche le comptage.

La figure F.72 ci-dessous présente le schéma du module de comptage du temps.

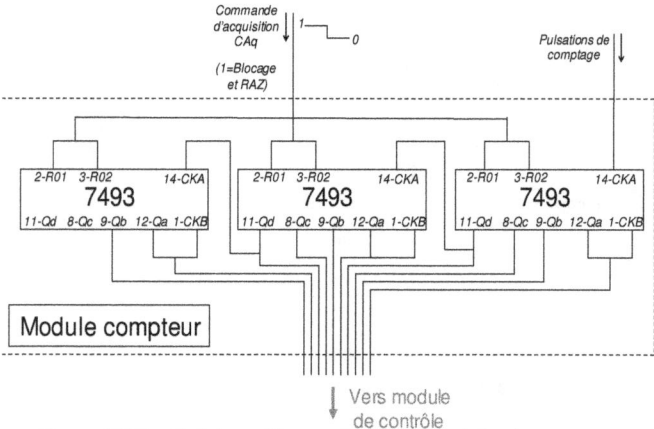

Figure F.72 : Schéma électronique du module de comptage de temps

I.5 - Le module 5 : mesure de température de l'air

La vitesse de propagation C d'une onde acoustique dans l'air varie de manière relativement importante en fonction de la température. La formule du Bureau des Longitudes (Dupuy, 1993) ci-après, modélise cette variation :

$$C = 331,2 [1 + 0,97 U/P + 1,9.10^{-3} t]$$

avec

C, la célérité acoustique dans l'air en m/s.
P, pression atmosphérique en hPa
t, température de l'air en °C
U, humidité relative de l'air

Or, les variations de la pression atmosphérique et de l'humidité relative de l'air ont très peu d'effet sur la célérité: les négliger engendre une erreur de mesure sur la hauteur d'eau inférieure à 1 mm pour un transducteur placé à 1 m au-dessus de l'eau

Il est donc important afin d'obtenir une mesure de distance fiable quelle que soit la température, d'effectuer simultanément à nos acquisitions de distance, des mesures de températures. Pour cela une CTN de 10 KΩ est utilisée et mise en série avec une résistance de 12 KΩ. La tension aux bornes de cette dernière est prélevée et renvoyée vers une entrée de conversion analogique-numérique du boîtier d'acquisition NI6008. Les variations de cette tension reflèteront les variations de température.
La figure F.73 présentée ci-dessous illustre le schéma électrique correspondant :

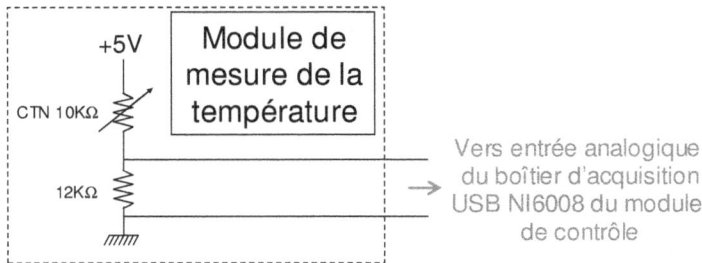

Figure F.73 : Schéma électronique du module de comptage de temps

Nota : ce module simple n'a pas été câblé sur le circuit définitif et reste à implémenter.

I.6 - Le module 6 : l'alimentation stabilisée

Afin de simplifier le fonctionnement du montage électronique tout en disposant d'une autonomie de fonctionnement très grande, il a été fait recours à deux petites batteries au plomb de 12V : montées en série, elles permettent de disposer d'emblée d'une alimentation symétrique stabilisée - 12V, 0V, +12V, exempte de tout parasite. Ces tensions de +/- 12V permettront d'alimenter directement les amplificateurs opérationnels utilisés dans le montage. Cependant, les autres circuits de types TTL présents requièrent eux des tensions d'alimentation et d'entrée de +5V. Pour ce faire, un montage très simple à base de régulateur de tension a été réalisé : la faible consommation du montage, inférieure à 1 Ampère, a porté le choix sur des régulateurs de type LM7805 et LM7905 autorisant un courant maximum de 1 à 1,5 Ampère.

Les condensateurs situés en amont des régulateurs procèdent à des filtrages de parasites dans les cas où les batteries au plomb viendraient à être remplacées par de simples petites alimentations secteur bon marché. Ceux situés en aval des régulateurs permettent d'obtenir une plus grande stabilité en sortie comme préconisé par le constructeur des régulateurs.

La figure F.74 ci-après présente le module d'alimentation stabilisé.

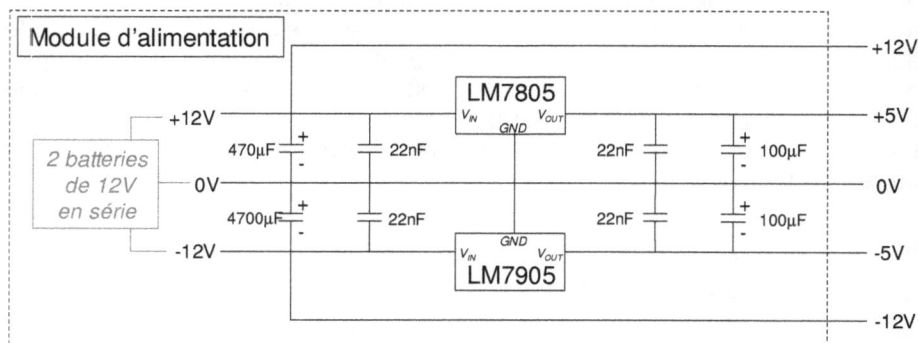

Figure F.74 : Schéma électronique du module d'alimentation stabilisée

I.7 - Le module 7 : le module de contrôle

Il est constitué d'un logiciel de contrôle développé en Visual Basic ainsi que d'un boîtier d'acquisition de données National Instrument, dont le modèle est USB NI6008.

Le logiciel effectue les commandes suivantes sur le boîtier d'acquisition :

- ordre d'acquisition d'une mesure : une télécommande est envoyée au NI6008 afin de basculer une de ses sorties numérique TTL (dénommée précédemment *CAq*) de l'état haut à l'état bas. Ceci a pour effet de déclencher la mesure comme expliqué au paragraphe relatif au module d'émission de l'onde acoustique.

- dès le passage à l'état haut du signal de réception *SRec* reçu sur une entrée numérique du NI6008, on prélève sur les compteurs 7493, grâce aux entrées numériques libres du boîtier d'acquisition, les 10 bits correspondants à la valeur de la mesure de distance. en exploitant une entrée analogique on mesure la valeur de la tension aux bornes de la résistance de 12KΩ qui est en série avec la CTN de 10 KΩ. On obtient donc l'indication sur la température qui permettra de corriger la vitesse de propagation de l'onde dans l'air.
- afin de préparer la mesure suivante on remet à l'état haut la commande d'acquisition CAq, ce qui a pour effet de réinitialiser le montage électronique de mesure (RAZ des compteurs et des monostables).

Le logiciel enregistre toutes les mesures réalisées (distance, température) et marque chacune des mesures de distance et de température par l'heure UTC obtenu par synchronisation de l'ordinateur via le protocole NTP juste avant la campagne de mesure. Cette datation précise pourra permettre de mettre en relation les mesures de distance et de température avec un calcul de position cinématiques que l'on pourra réaliser en post-traitement si nécessaire.

Des opérations de traitement différées pourront permettre de :
- analyser les mesures de distances et de mettre en évidence celles présentant des incohérences.
- réaliser des moyennes sur quelques échantillons de mesures de distances entourant l'acquisition GNSS.
- Réaliser la correction de distance en fonction de la température
- Affecter la mesure télémétrique de la hauteur d'antenne à l'antenne GPS afin d'obtenir en sortie la position de la surface de l'eau.

I.8 - Etalonnage

La conversion du comptage temporel de l'aller retour de l'onde en unité de longueur a été modélisée après expérimentations (qui ont permis de constater la bonne linéarité du système) par une droite dont les coefficients ont été obtenus par les moindres carrés.
La figure F.75 présente une des séries de mesures qui ont permis d'obtenir les coefficients a et b de la droite (distance = a*count +b), étant indiqué que l'on considère la référence de la mesure de distance à la base de l'antenne GPS.

Les coefficients trouvés et vérifiés à des dates répétées par des conditions de températures identiques sont :

$$a = 0.46531 \quad \text{et} \quad b = 2.09 \text{ cm}$$

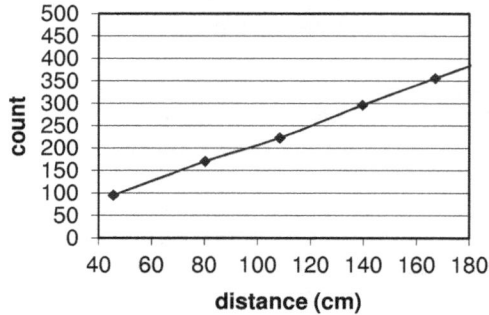

Figure F.75 : Mesures d'étalonnage du distance-mètre version 1

II – DISTANCEMETRE VERSION 2

II.1 – Développement électronique

Faute de pouvoir obtenir des capteurs identiques après la destruction par l'eau de mer des deux capteurs de la version 1, le module d'acquisition a été simplifié en s'appuyant sur un élément SRF05 intégrant l'émission, la détection de l'onde réfléchie, et la conversion de la durée de propagation par une durée de niveau logique. La figure F.76 ci-dessous présente le module utilisé, et la figure F.77 le diagramme de fonctionnement.

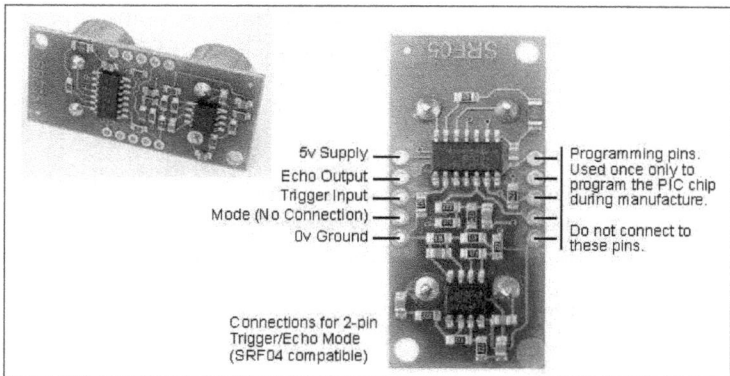

Figure F.76 : Module Devantech – SRF05

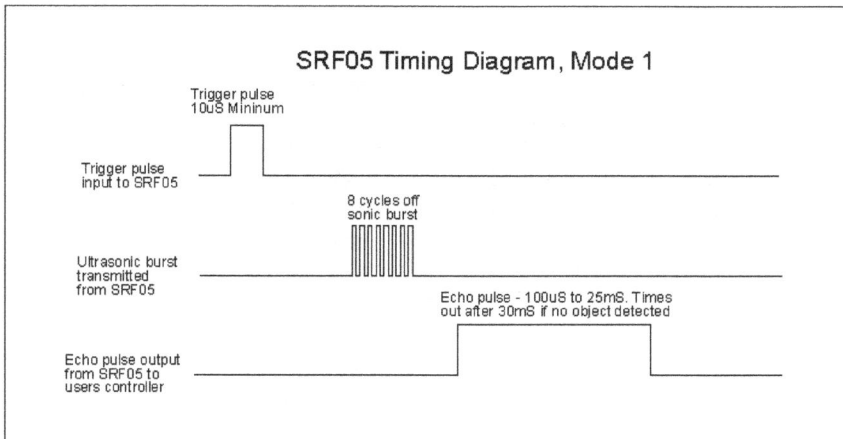

Figure F.77 : Diagramme de fonctionnement

Les modules 1-horloge et 4-compteurs, du développement électronique de la version 1 ont été réutilisés et adaptés pour mesurer la durée du pulse fourni sur la sortie Echo Output du SRF05.

Un pulse +5 V de 20 µs est généré par le boîtier NI6008 et envoyé sur l'entrée Trigger Pulse du SRF05. Ce même pulse est également envoyé sur la commande d'acquisition *CAq* du module de comptage de temps. Cela a pour effet de remettre à zéro le compteur (front montant sur *CAq*) et ensuite d'autoriser le comptage des pulses en entrée du compteur par le maintien à l'état bas de *CAq*.

La sortie Echo Output du SFR05 est quant à elle additionnée via une porte ET (SN7408) à la sortie CLK du module d'horloge. Ceci a pour effet de ne générer en sortie du 7408 un signal d'horloge que pendant la durée du pulse d'écho du SRF05. C'est ce signal d'horloge correspondant à la durée de propagation aller-retour de l'onde ultrasonore qui est reliée à l'entrée *Pulsation de comptage* du module d'horloge.

Ainsi, en un temps record puisque réutilisant l'électronique déjà développée moyennant quelques adaptations mineures, la version 2 du distancemètre a pu être mise au point.

131

II.2 - Etalonnage

La conversion du comptage temporel de l'aller retour de l'onde en unité de longueur a été modélisée après expérimentations (qui ont permis de constater la bonne linéarité du système) par une droite dont les coefficients ont été obtenus par la méthode des moindres carrés.

La figure F.78 présente une des séries de mesures qui ont permis d'obtenir les coefficients a et b de la droite (distance = a*count +b), étant indiqué que l'on considère la référence de la mesure de distance à la base de l'antenne GPS. Les coefficients trouvés et vérifiés à des dates répétées par des conditions de températures identiques sont :

$$a = 0.47043 \quad et \quad b = 1.55 \ cm$$

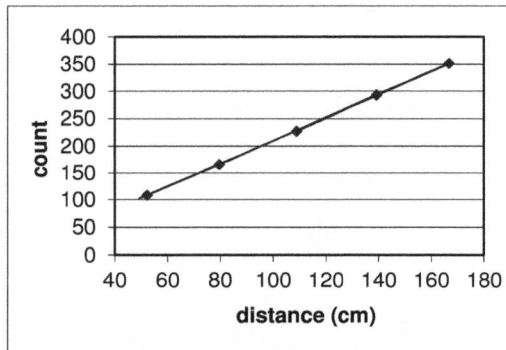

Figure F.78 : Mesures d'étalonnage du distance-mètre version 2

III – MODULE DE CONTROLE

Le module de contrôle a été développé en Visual Basic sous l'environnement de développement Microsoft DotNet, Framework 2.0.

Ce module consiste à piloter le boîtier d'acquisition NI-USB6008 afin de déclencher chaque mesure puis lire chaque résultat de chaque mesure. Pour cela des librairies National Instrument ont été exploitées. Le résultat de chaque mesure (intervenant tous les 0,06 à 0,08 seconde environ) est stocké dans un fichier de son choix au format texte.

L'importante consommation des ressources du PC sur le processus principal lors de l'exécution du programme rendait impossible toute interaction avec l'interface graphique développée (figure F.79) et a nécessité d'exécuter chaque lecture d'acquisition dans un processus séparé du programme principal.

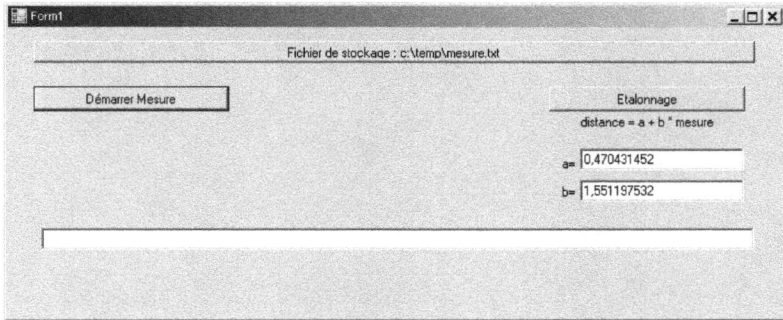

Figure F.79 : Interface développée pour le pilotage du module de contrôle

Ci-dessous est présenté un extrait d'un fichier de mesures de distances entre l'antenne GPS et la surface de l'eau (amarré au port) :

Jour	h_UTC	min	sec	count	distance cm
...	...	...	...	...	...
20-9-2007	18	37	4.783	140	67.412
20-9-2007	18	37	4.861	141	67.882
20-9-2007	18	37	4.939	141	67.882
20-9-2007	18	37	5.017	141	67.882
20-9-2007	18	37	5.095	140	67.412
20-9-2007	18	37	5.173	139	66.941
20-9-2007	18	37	5.236	140	67.412
...	...	...	...	...	...

On notera que la résolution est bien de l'ordre de 5 mm et que la cadence de mesure de 60 à 80 ms environ

Andres, L., 2002, Conversion dans le Système Altimétrique IGN 69 de la Base de Données Topographiques de la Ville de Nice, Société Française de Topographie, Revue XYZ, n° 91.

Andres, L., 2002, Influence de la déviation de la verticale sur les travaux topographiques réalisés dans le système R.G.F.93, Société Française de Topographie, Revue XYZ, n° 92.

Andres, L., 2003, Transformation dans le Système R.G.F 93 de la base de données géographiques de la Ville de Nice, Société Française de Topographie, Revue XYZ, n° 97.

Andrès L., 2006, Mise en œuvre de l'arrêté sur les classes de précision - Retour d'expérience de la Ville de Nice, Société Française de Topographie, Revue XYZ, n°108.

Arnaud, M., Emery, X., 2000, Estimation et interpolation spatiale. Hermes Science Publications, Paris.

Baillargeon, S., 2005, Le krigeage : revue de la théorie et application à l'interpolation spatiale de données de précipitations, Mémoire MSc, Univervité des Sciences de Laval.

Beer, J., Siegenthaler, U., Bonani, G., Finkel, R. C., Oeschger, H., Suter, M., and Wolfi, W. 1988, Information on past solar activity and geomagnetism from [10]Be in the Camp Century Ice Core, Nature, 331, 675 -679.

Bernstein, R. L., Born, G. H. and Whritner, R. H., 1982, SEASAT altimeter determination of ocean current variability, Journal of Geophysical Research, 87, 3261 -3268.

Bobinsky Eric A., 1994, ., July 29, GPS and Global Telecommunications, briefing for the National Research Council Committee on the Future of the Global Positioning System, Washington, D.C.

Bonnetain, P., 1989, Le Réseau de Nivellement (SGN/IGN), Revue IGN/SGN, Zoom n°15.

Bonnefond, P., Exertier, P., Laurain, O., Ménard, Y., Orsoni, A., Jeansou, E., Haines, B. J., Kubitschek, D. G., Born, G., 2003, Leveling the Sea Surface Using GPS Catamaran, Marine Geodesy, 26, 3-4, p319-334.

Botton S., Duquenne, F., Egels Y., Even M., Willis P., 1997, GPS localisation et navigation, collection. CNIG-GPSD, editions Hermes.

Burrough P., Mc Donnel, R., 1998, Principles of Geographical Information Systems, Oxford University Press, New York.

Cazenave, A., Lombard, A., Nerem, S., and DoMinh, K., 2006, Present-day sea level rise: do we understand what we mesure ?, 15 years of progress in Radar Altimetry, ESA/CNES Workshop, Venice.

Chelton, D. B., Ries, J. C., Haines, B. J., Fu, L. L., and Callahan, P. S., 2001, Satellite altimetry, Satellite Altimetry and Earth Science, editors L. L. Fu and A. Cazenave, Academic Press.

Chelton, D., B., 2001, Report of the high-resolution ocean topography science working group meeting, College of Oceanic and Atmospheric Sciences, Oregon State University, Corvallis, Oregon.

Cheney, R. E., Marsh, J. G., and Beckley, B. D., 1983, Global mesoscale variability from colinear tracks of SEASAT altimeter data, Journal of Geophysical Research, 88, 4343 – 4354.

Clarke J. E. H., Dare, P., Beaudoin J., and Bartlett, J., 2005, A stable vertical reference for bathymetric surveying and tidal analysis in the high Arctic, U.S. Hydrographic Conference.

Coelho R. F., Breitkopf P., Vayssade C., 2007, Utilisation du krigeage en mécanique numérique, Groupe de travail sur le krigeage, Réunion de travail du 19 avril 2007, Laboratoire de Mécanique Roberval, UTC – CNRS, FRE 2833, Université de Technologie de Compiègne.

Cohen C. E., Pervan B., Parkinson B. W., 1992, Estimation of Absolute Ionospheric Delay Exclusively through Single-Frequency GPS Measurements, Proceedings of ION GPS-93

Cressie, N. A. C. (1990), The Origins of Kriging, *Mathematical Geology*, v. 22, p. 239-252

Décret n°2000-1276, 2000, Décret portant application de l'article 89 de la loi n°95-115 du 4 février 1995 modifiée d'orientation pour l'aménagement et le développement du territoire relatif aux conditions d'exécution et de publication des levés de plans entrepris par les services publics, 26 décembre 2000.

De Jong, C. D., 1991, GPS - Satellite Orbits and Atmospheric Effects, Reports of the Faculty of Geodesy, Number 91.1, Delft University of Technology, The Netherlands.

Dodson, A. H., 1988. The Effects of Atmospheric Refraction on GPS Measurements. Seminar on the Global Positioning System, University of Nottingham.

Draper, N., Smith, H., 1981, Applied regression analysis, second edition, John Wiley and Sons Inc., New York, 900pp.

Ducet, N., Le Traon, P. Y., and Gauzelin, P., 1999, Response of the Black Sea mean level to atmospheric pressure and wind forcing, Journal of Mar. Systems, 22, 311 – 327.

Dupuy, P. Y., 1993, The SHOM ultrasonic tide gauge. Joint IAPSO-IOC Workshop on Sea level measurements and quality control, Paris, 12-13 october 1992. Workshop Report 81, pp. 8-12.

Duquenne, H, 1998, QGF98, a new solution for the quasigeoid in France, Ecole Supérieure des Géomètres et Topographes, http://www.esgt.cnam.fr/fr/recherche/geoide/art_buda.pdf

Bonnefond, P., Exertier, P., Laurain, O., Menard, Y., Orsoni, A., Jan, G., Jeansou, E., 2003, Absolute Calibration of Jason-1 and TOPEX/Poseidon Altimeter in Corsica, Special Issue on Jason-1 Calibration/Validation, Part 1, Mar. Geod., Vol. 26, No. 3-4, 261-284.

Farah Ashraf, 2002, The Ionospheric Delay Effort For GPS Single-Frequency Users-Analysis Study For Simulation Purposes, www.nottingham.ac.uk/iessg/papers/isgpap0212.pdf, *IESSG, The University of Nottingham, UK*

Feltens Joachim, Jakowsky Norbert, January 2002, SCAR report no 21, Ionosphere Working Group Activities - The International GPS Service (IGS) - *http://www.scar.org/publications/reports/report%2021/5%20international%20g ps%20service*

Fu, L. L., Christensen, E. J., Yamarone, C. A., Lefebvre, M., Menard, Y., Dorrer, M. and Escudier, P., 1994, TOPEX / POSEIDON mission overview, Journal of Geophysical Research, 99, 24369 – 24381.

Fu, L.L., Cazenave, A., 2001A. Eds. Satellite Altimetry and Earth Sciences: A Handbook of Techniques and Applications. Academic Press, San Diego, CA.

Garrison, J. L., Katzberg, S. G., and Hill, M. I., 1998, Effect of sea roughness on bistatically scattered range coded signals from the Global Positioning system, Geophysical Research Letter, 25, 2257 – 2260.

Gaposchkin E. M., 1973, Smithsonian Standard Earth (iii), Smithsonian Astrophysical Observatory (SAO) Special Report #353, bibliographic code 1973SAOSR.353G

Georgiadou, Y. et Doucet K.D., 1990, The issue of Selective Availabilit,. GPS World, 1(5), pp 53-56.

GRAC-II, 2002, GPS Radar Altimeter 2 Calibration with light GPS buoy, Final Report, ESTEC Contract 15349/01/NL/SF, Institut de Ciences del Mar, Centre Mediterrani de Investigations Marines i Ambientals.

Gu, A-I., Tiemeyer, B., Lipp, A. (1993) High Precision Navigation with Wide Area DGPS, Proceedings of DSNS 93, Amsterdam.

Gurtner, W., Mader, G., Arthur, D.,1989, May – June, A Common Exchange Format for GPS Data, CSTG Bulletin, vol. 2, N° 3, National Geodetic Survey, Rockville.

Gurtner Werner, 2000, May 5, RINEX : The Receiver Independent Exchange Format Version 2.10, http://www.aiub.unibe.ch/download/wwwpubs/rinex210.txt, Astronomical Institute – University of Berne.

Hasselmann, K., Barnett, T.P., Bouws, E., Carlson, H., Cartwright, D. E., Enke, K., Ewing, J. A., Gienapp, H., Hasselmann, D. E., Kruseman, P., Meerburg, A., Miller, P., Olbers, D. J., Ritcher, K., Sell, W., and Walden, H.,

1973, Measurements of wind wave growth and swell decay during the Joint North Sea Wave Project (JONSWAP), Ergnzungsheft zur Deutschen Hydrographischen Zeitschrift Reihe, A8, n°12, 95.

Heiskanen, W. A. et Moritz, H. , Physical Geodesy, 1967, Institute of Physical Geodesy, Graz

Hobson E. W., 1931, The theory of Spherical and Ellipsoïdal harmonics, Cambridge University Press.

ICD-GPS200, 2000, Interface Control Document – NAVSTAR GPS Space Segement / Navigation User Interfaces, révision C004, Avril 2000.

IGBP, 1990, The International Geosphere and Biosphere Programme : A Study of Global Change, Report n°12, International Council of Scientific Union (ICSU).

IGN, 2013, Les réseaux de nivellement française, *geodesie.ign.fr/index.php ?page=reseaux_nivellement_francais*

IUGG, 1991, International Council of Geodesy and Geophysics, Resolution on the conventional terrestrial reference system, Vienna.

Johnson, N.L., 1994, November, GLONASS Spacecraft, GPS World, pp. 51-58

Kaplan, Elliott D. ed. 1996. *Understanding GPS: Principles and Applications.* Boston: Artech House Publishers.

Kasser Michel, 1984, Le Nivellement Général de France – Evolution d'un Grand Réseau de Repères d'Altitudes, publication Géomètre n°12..

Kasser Michel, 1989, Un nivellement de très haute précision : la traversée Marseille – Dunkerque 1983, CR Académie de Sciences, t.309, série II, p695-700.

Kaula, W. M., Schubert G., and Lingenfelter R. E., 1974, Apollo Laser Altimetry and inferences as to Lunar structure, Geochin. Cosmoschim. Acta., 5, 3049 – 3058.

Kellogg O. D., 1929, Foundation of Potential Theory, J. Springer, Berlin.

King, R.W., Bock Y., 1999, Documentation for the GAMIT GPS analysis software (version 9.8), Unpublished, Massachusetts Institute of Technology.

Klobuchar, J. A., 1982. Ionospheric Corrections for the Single Frequency User of the Global Positioning System. National Telesystems Conference, NTC'82. Systems for the Eighties. Galveston, Texas, USA (New York: IEEE, 1982).

Klobuchar, J.A., 1987, Ionospheric Time-Delay Algorithm for Single-Frequency GPS Users, IEEE Transactions on Aerospace and Electronic Systems, Vol. AES-23, No.3, pp.325-331.

Krige, D. (1951). A statistical approach to some basic mine valuation problems on the witwatersrand. Journal of the Chemical, Metallurgical and Mining Society, 52:119-139.

Lamb, H., 1945, Hydrodynamics, 6th, first american edition, New York, Dover Publication Edition.

Larousse, 2013, Le Phénomène des marées, *http://www.larousse.fr/encyclopedie/images/Mar%C3%A9es/1010101*

Lecoy Pierre, 1999, Technologie des Telecoms, Editions Hermès.

Leick, A., 1990, GPS Satellite Surveying, John Wiley & Sons

Lee, D. T., Schachter, B. J., 1980, Two Algorithms for Constructing a Delaunay kriangulation, International Journal of Computer and Information Sciences, v. 9, n. 3, p. 219-242.

Lemoine F. C., Kenyon S. C., Factor J. K., Trimmer R. G., Pavlis, N. K., Chinn D. S, Cox C. M., Klosko S. M., Luthcke S. B., Torrence M. H., Wang Y. M., Williamson E. C., Pavlis E. C., Rapp R. H. And Olson T. R., 1998, The Development of the Joint NASA GSFC and NIMA Geopotential Model EGM96, Technical Paper NASA/TP-1998-206861.

Lerch F. J., Wagner C. A., Smith D. E., Brownd J. E., Richardson J.A., 1972, Gravitational Field Models for the Earth (GEM 1 & 2), Report X55372146, Goddard Space Flight Center, Greenbelt, Maryland

Lerch F. J., Wagner C. A., Putney M.L., Sandson M. L., Brown J. E., Richardson J. A., Taylor W. A. 1972, Gravitational Field Models GEM 3 and 4, Report X59272476, Goddard Space Flight Center, Greenbelt, Maryland

Levallois J. J., 1988, Mesurer la Terre – 300 ans de géodésie française, Association Française de Topographie, Paris.

Llewellyn, S. K. and Bent, R. B., 1973. Documentation and Description of the Bent Ionospheric Model. IAFCRL-TR-73-0657, July 1973, AD772733.

Le Provost, C., 2001, Ocean tides, Satellite Altimetry and Earth Sciences, Chapter 6, Editors L.L Fu and A. Cazenave, Academic Press.

Le Traon, P. Y., and Gauzelin, P., 1997, Response of the Mediterranean mean sea level to atmospheric pressure in the Eastern Mediterranean, Journal of Geophysical Research, 102 (C1), 973 – 983.

Lin, B., Katzberg, S.G., Garrison, J.L, and Wielicki, B., 1999, The relationship between the GPS signals reflected from sea surface and the surface winds : modeling results and comparisons with aircraft measurements, Journal of Geophysical Research, 104, 20713 – 20727.

Loi n°95-115, 1995, Loi d'orientation pour l'aménagement et le développement du territoire, article 89, 4 février 1995.

Lyu, S. J., Kim, K., and Perkins, H. T., 2002, Atmospheric pressure-forced subinertial variations in the transport through the Korea Strait, Geophysical Research Letter, 29, 1294.

Matheron, G. (1962). Traité de géostatistique appliquée, Tome I. Mémoires du Bureau de Recherches Géologiques et Minières, No.14. Editions Technip, Paris.

Maximenko, N. A., and Niiler, P. P., 2005, Hybrid decade-mean global sea level with mesoscale resolution, Recent advances in marine science and technology, pp. 55-69, Saxena Ed., Honolulu PACON International.

Miles, J. W., 1957, On the generation of surface waves by shear flows, Journal of fluid Mechanics, 3 – 2, 185 – 204.

Mourre, B., 2004, Etude de configuration d'une constellation de satellites altimétriques pour l'observation de la dynamique océanique côtière, thèse de doctorat, discipline Océanographie Physique, Université de Toulouse III.

NAVSTAR, 1995. Global Positioning System Standard Positioning Service signal specification. Dept. of Defense, 2nd edition., June, 1995.

Newton Isaac, 1687, Philosophiae naturalis principa mathematica

Nocquet J. M., Duquenne H., Boucher C., Harmel A., Willis P, 2000, Conversion Altimétrique RGF93 – IGN69, Conseil National de l'Information

Géographique, Groupe de Travail Permanent « Positionnement Statique et Dynamique »

Olea, R., 1999, Geostatistics for Engineers and Earth Scientists. Kluwer Academic Publishers, Boston, 303 pp.

Pace Scott, Frost Gerald, Lachow Irving, Frelinger David, Fossum Donna, Wassem Donald K., Pinto Monica, 1995,The Global Positionning System : Assessing National Policies, Publications RAND.

Parkinson, B.W., 1994, GPS eyewitness : the early years, GPS World, 5(9), 32-45.

Parkinson, Bradford W. and James J. Spilker. eds. 1996. Global Positioning System: Theory and Practice. Volumes I and A-I. Washington, DC: American Institute of Aeronautics and Astronautics, Inc.

Peltier, W., R., and Tushingham, A. M., 1989, Global sea level reise and the greenhouse effect : might they be connected ?, Science, 244, 806 – 810.

Pfister, C., Monthly temperature and precipitation patterns in Central Europe from 1525 to the present : a methodology for quantifying man made evidence on weather and climate, Bradley R. And Jones P. Editions, Climate Since 1500 A.D.

Phillips, O. M., 1957, On the generation of waves by turbulent wind, Journal of Fluid Mechanics, 2 - 5, 417 – 445.

Ponte, R. M., 2002, Barotropic high-frequency sea level signals and the Jason-1 altimeter mission, *http://sealevel.jpl.nasa.gov/science/invest-ponte.html*

Poole, Ian, 1995, Guide to Propagation, Radio Society of Great Britain

Rapp R. H., Wang Y. M. et Pavlis N. K., 1991, The Ohio State 1991 Geopotential and Sea Surface Topography Harmonic Coefficient Models, Report n° 410, Department of Geodetic Science and Surveying, Ohio State University, USA.

Ripley, B. D., 1981, Spatial statistics. John Wiley & Sons Inc., New York. Wiley Series in Probability and Mathematical Statistics.

Rasool, S. I., 1994, Système Terre, éditions Flammarion, collection Domino, Paris.

Rawer, K., 1981. International Reference Ionosphere- IRI, 79, Rep. UAG-82, Edited by J. V. Lincoln and R. Conkright, World Data Centre A for Sol.-Terr. Phys., Boulder, Colorado, USA.

Sandwell, D. T., Smith, W. H. F., Gille, S., Jayne, S., Soofi, K. And Coakley B., 2001, Bathymetry from Space : White paper in support of a high resolution, ocean altimeter mission

Savoye, B., Sultan, N., Dan, G., 2006, La catastrophe de l'aéroport de Nice de 1979 revisitée : mécanismes d'effondrement, modélisation et impact de l'avalanche sous-marine sur les fonds marins, Cours et séminaires de la chaire de géodynamique du Collège de France, 19-20 Juin 2006, Aix en Provence.

Scharro, R., and Visser, P. N. A. M., 1998, Preceise orbit determination and gravity field mesurement for the ERS satellites, Journal of Geophysical Research, 103, 8113 – 8128.

Seeber, G., Menge F., Völksen C., Wübbena G., Schmitz M. , 1997, Precise GPS Positioning Improvements by Reducing Antenna and Site Dependent Effects, Scientific Assembly of the International Association of Geodesy IAG97, Rio de Janeiro, September 3-9, 1997, In: International Association of Geodesy Symposia, Vol.118, F.K. Brunner (Ed.), Advances in Positioning and Reference Frames, Springer

Spilker Jr., J.J., 1980. GPS signal structure and performance characteristics. In: Global Positioning System, papers published in Navigation, reprinted by the U.S. Inst. of Navigation, vol.1, 29-54.

Stanley, H. R., 1979, The GEOS-3 Project, Journal of Geophysical Research, 84, 3779-3783.

Stewart, H. R., 2004, Introrduction to physical oceanography, Department of oceanography, Texas A & M University, eptember 2004 edition.

Treuhaft, R., Lowe, S., Zuffada, C., and Chao, Y., 2001, 2-cm GPS altimetry over Crater Lake, Geophysical Research Letter, 22(23), 4343 – 4346

Torge Wolfgang, 1991, Geodesy, 2nd edition, Berlin, De Gruyter.

U.S. Department of Transportation, 1994, Office of the Secretary, "Civil Uses of GPS," September.

Vellinga, P. and Leatherman, S. P., 1989, Sea level rise, consequences and policies, climatic changes, 15, 175 – 189.

Wackernagel, H., 2003, Multivariate Geostatisctics : an introduction with applications. Springer-Verlag, Berlin. Third completely revised edition.

Wahr John, 1996, Geodesy and Gravity, Samizdat Press.

Woppelmann, G., 1997, Rattachement géodésiques des marégraphes dans un système de référence mondial par techniques de géodésie spatiale, Thèse de Doctorat, Observatoire de Paris, France

Wübbena, G., Menge F., Schmitz M., Seeber G., Völksen C., 1996, A New Approach for Field Calibration of Absolute Antenna Phase Center Variations, In: Proceedings of the 9th International Technical Meeting of the Satellite Division of the Institute of Navigation ION GPS-96, September 17-20, Kansas City, Missouri, 1996.

Zektser, I. S., Dzhamalov, R. G. And Safronova, T. I., 1983, The role of submarine groundwater discharge in the water balance of Australia, Unesco IAH – IAHS.

Zilkoski D. B., D'Onofrio J. D., Fury R. J., Smith C. L., Huff L. C. and Gallagher B. J., 1997, The U. S. Coast Guard Buoy Tender Test, Report on the Joint Coast Survey and National Geodetic Survey Centimeter-Level Positioning of a Marine Vessel Project

Zuffada C., 2001, High-resolution ocean topography from GPS reflections, Report of the High-Resolution Ocean Topography Science Working Group Meeting, edited by D. B. Chelton, October 2001.

More Books!

Oui, je veux morebooks!

i want morebooks!

Buy your books fast and straightforward online - at one of world's fastest growing online book stores! Environmentally sound due to Print-on-Demand technologies.

Buy your books online at
www.get-morebooks.com

Achetez vos livres en ligne, vite et bien, sur l'une des librairies en ligne les plus performantes au monde!
En protégeant nos ressources et notre environnement grâce à l'impression à la demande.

La librairie en ligne pour acheter plus vite
www.morebooks.fr

VDM Verlagsservicegesellschaft mbH
Heinrich-Böcking-Str. 6-8   Telefon: +49 681 3720 174   info@vdm-vsg.de
D - 66121 Saarbrücken   Telefax: +49 681 3720 1749   www.vdm-vsg.de

www.ingramcontent.com/pod-product-compliance
Lightning Source LLC
Chambersburg PA
CBHW021102210326
41598CB00016B/1297